全国交通技工院校汽车运输类专业规划教材

钳工工艺

(汽车维修、汽车钣金与涂装、
汽车装饰与美容、汽车商务专业用)

主编 李永吉
主审 冯宝山

人民交通出版社

内容提要

本书是全国交通技工院校汽车运输类专业规划教材之一,主要介绍了钳工基本操作、划线、錾削、锯削、锉削、刮削、研磨、孔加工、螺纹加工、综合技能训练等内容。

本书是交通技工院校、中等职业学校汽车维修、汽车钣金与涂装、汽车装饰与美容、汽车商务专业的基础课程教材,也可作为汽车维修专业技术等级考核及培训用书和相关技术人员的参考用书。

图书在版编目(CIP)数据

钳工工艺/李永吉主编. — 北京:人民交通出版社,2013.7

全国交通技工院校汽车运输类专业规划教材

ISBN 978-7-114-10648-4

Ⅰ.①钳… Ⅱ.①李… Ⅲ.①钳工 - 工艺学 - 技工学校 - 教材 Ⅳ.①TG9

中国版本图书馆 CIP 数据核字(2013)第 111238 号

书　　名:	钳工工艺
著 作 者:	李永吉
责任编辑:	李　斌
出版发行:	人民交通出版社
地　　址:	(100011)北京市朝阳区安定门外外馆斜街3号
网　　址:	http://www.ccpress.com.cn
销售电话:	(010) 59757973
总 经 销:	人民交通出版社发行部
经　　销:	各地新华书店
印　　刷:	北京市密东印刷有限公司
开　　本:	787×1092　1/16
印　　张:	7.75
字　　数:	180 千
版　　次:	2013 年 7 月　第 1 版
印　　次:	2019 年 6 月　第 3 次印刷
书　　号:	ISBN 978-7-114-10648-4
定　　价:	17.00 元

(有印刷、装订质量问题的图书由本社负责调换)

交通职业教育教学指导委员会

汽车(技工)专业指导委员会

主 任 委 员：李福来
副主任委员：金伟强　戴　威
委　　　员：王少鹏　王作发　关菲明　孙文平
　　　　　　张吉国　李桂花　束龙友　杨　敏
　　　　　　杨建良　杨桂玲　胡大伟　雷志仁
秘　　　书：张则雷

Foreword 前言

教育部关于全面推进素质教育,深化中等职业教育教学改革的意见中提出:"中等职业教育要全面贯彻党的教育方针,转变教育思想,树立以全面素质为基础、以能力为本位的新观念,培养与社会主义现代化建设要求相适应,德智体美劳全面发展,具有综合职业能力,在生产、服务、技术和管理第一线工作的高素质劳动者和初中级专门人才"。根据这一精神,交通职业教育教学指导委员会在专业调研和人才需求分析的基础上,通过与汽车运输行业一线专家共同分析论证,对汽车运输类专业所涵盖的岗位(群)进行了职业能力和工作任务分析,通过典型工作任务分析→行动领域归纳→学习领域转换等步骤和方法,形成了汽车运输类专业课程体系,于2011年3月,编辑出版了《交通运输类主干专业教学标准与课程标准》(适用于技工教育)。为更好地执行这两个标准,为全国交通运输类技工院校提供适应新的教学要求的教材,交通职业教育教学指导委员会汽车(技工)专业指导委员会于2011年5月启动了汽车运输类主干专业系列规划教材的编写。

本系列教材为交通职业教育教学指导委员会汽车(技工)专业指导委员会规划教材,涵盖了汽车运输类的汽车维修、汽车钣金与涂装、汽车装饰与美容、汽车商务4个专业26门专业基础课和专业核心课程,供全国交通运输类技工院校汽车专业教学使用。

本系列教材体现了以职业能力为本位,以能力应用为核心,以"必需、够用"为原则;紧密联系生产、教学实际;加强教学针对性,与相应的职业资格标准相互衔接。教材内容适应汽车运输行业对技能型人才的培养要求,具有以下特点:

1. 教材采用项目、课题的形式编写,以汽车维修企业、汽车4S店实际工作项目为依据设计,通过项目描述、项目要求、学习内容、学习任务(情境)描述、学习目标、资料收集、实训操作、评价与反馈、学习拓展等模块,构建知识和技能模块。

2. 教材体现职业教育的特点,注重知识的前沿性和全面性,内容的实用性和实践性,能力形成的渐进性和系统性。

3. 教材反映了汽车工业的新知识、新技术、新工艺和新标准,同时注意新设备、新材料和新方法的介绍，其工艺过程尽可能与当前生产情景一致。

4. 教材体现了汽车专业中级工应知应会的知识技能要求，突出了技能训练和学习能力的培养，符合专业培养目标和职业能力的基本要求，取材合理，难易程度适中，切合中技学生的实际水平。

5. 教材文字简洁，通俗易懂，以图代文，图文并茂，形象直观，形式生动，容易培养学生的学习兴趣，有利于提高学习效果。

《钳工工艺》教材是根据交通职业教育教学指导委员会交通运输类主干专业教学标准与课程标准中的"钳工工艺"课程进行编写。它是交通技工院校、中等职业学校汽车维修、汽车钣金与涂装、汽车装饰与美容、汽车商务专业的专业基础课教材。其功能在于培养汽车运输类专业学生的基本职业能力，达到本专业学生应具备的钳工操作技能和知识要求。本书也可作为汽车维修专业技术等级考核及培训用书和相关技术人员的参考用书。全书由10个项目组成，分别介绍了钳工基本操作、划线、錾削、锯削、锉削、刮削、研磨、孔加工、螺纹加工、综合技能训练等内容。

本书由云南交通技师学院李永吉担任主编，河南省交通高级技工学校冯宝山担任主审。项目一、项目二、项目三、项目四由李永吉编写，项目五、项目六、项目七由江苏汽车技师学院许媛编写，项目八、项目九、项目十由郑州交通技师学院杨保军编写。本书在编写过程中，得到了部分汽车修理厂家和汽车4S店的支持，在此表示感谢。

由于编者经历和水平有限，教材内容难以覆盖全国各地的实际情况，希望各地教学单位在积极选用和推广本教材的同时，总结经验并及时提出修改意见和建议，以便再版时进行修订。

交通职业教育教学指导委员会
汽车(技工)专业指导委员会
2013年2月

Contents 目录

项目一　钳工基本操作 ·· 1
　课题一　认识钳工 ·· 1
　课题二　钳工常用工量具 ································ 9

项目二　划线 ·· 24
　课题一　认识划线 ·· 24
　课题二　划线工艺 ·· 28

项目三　錾削 ·· 35
　课题一　认识錾削 ·· 35
　课题二　常用材料錾削加工 ···························· 41

项目四　锯削 ·· 46
　课题一　认识锯削 ·· 46
　课题二　常见材料锯削加工 ···························· 50

项目五　锉削 ·· 55
　课题一　认识锉削 ·· 55
　课题二　常见锉削加工 ································· 59

项目六　刮削 ·· 65
　课题一　认识刮削 ·· 65
　课题二　典型工件刮削加工 ···························· 69

项目七　研磨 ·· 75
　课题一　认识研磨 ·· 75
　课题二　研磨工艺 ·· 78

项目八　孔加工 ·· 84
　课题一　钻孔 ·· 84
　课题二　扩孔和锪孔 ····································· 92
　课题三　铰孔 ·· 95

项目九　螺纹加工 ··· 103
　课题一　攻螺纹 ··· 103
　课题二　套螺纹 ··· 107

项目十	综合技能训练	109
课题一	制作V形架	109
课题二	制作限位块	110
课题三	制作凸形块	112
课题四	制作角度样板	113
课题五	制作錾口手锤	114
参考文献		116

项目一　钳工基本操作

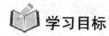**学习目标**

完成本项目学习后,你应能达到以下目标:

1. 知识目标

(1)能叙述钳工工作的重要性及其在机械加工中的作用。

(2)能描述钳工的分类及基本操作。

(3)能描述钳工常用机具、工具、量具应用及其使用方法。

(4)能简要描述钳工安全知识和文明生产的要求。

2. 技能目标

(1)能按规范要求正确使用钳工常用量具。

(2)能按操作规程使用和维护台钳、砂轮机、台钻。

建议学时

6 学时。

课题一　认 识 钳 工

钳工是一种比较复杂、细致、且对工艺要求较高的工种。目前虽然有各种先进的加工方法,但钳工所用工具简单,加工多样灵活、操作方便、适应面广、能完成机械加工不便或不能完成的工作,在机械制造、零部件加工、机械装配、维修中具有不可替代的重要作用。因此,钳工是技能型人才必须具备的基本技能。但钳工操作的劳动强度大、生产效率低、对操作者技术水平要求较高。

一、钳工的分类及特点

钳工是用各种手工工具和辅助机具对工件进行切削加工或对机器及部件进行装配、调整等操作的统称。我国《国家职业标准》将钳工划分为装配钳工、机修钳工和工具钳工三大类。其工作范围分别是:

装配钳工:使用钳工工具、钻床,按技术要求对工件进行加工,对机械进行装配、调整的工种。又称为普通钳工。

机修钳工:使用钳工工具、量具及辅助设备,从事机器设备的安装、调试和维修的工种。

工具钳工:使用钳工工具及辅助设备,对工具、量具、辅具、模具等进行制造、装配、检验和修理的工种。

尽管钳工的专业分工不同,但基本的操作内容相近,主要包括划线、錾削、锯削、锉削、钻孔、铰孔、锪孔、刮削、研磨、装配和调试、测量及简单的热处理等。基本操作可分为辅助性操作、切削性操作、装配性操作和维修性操作等,各类操作的具体内容见表1-1。

钳工基本操作种类　　　　　表1-1

操作类别	基本操作内容
辅助性操作	划线,即根据加工图样要求,在毛坯或半成品上准确地划出加工界线的一种钳工操作
切削性操作	錾削、锯削、锉削、攻螺纹、套螺纹、钻孔、扩孔、铰孔、刮削等操作
装配性操作	即装配,按装配要求将零部件装成机器的操作
维修性操作	即维修,对在用的机器和设备进行维修、检查和修理的操作

二、钳工工作场地

1. 钳工工作场地布置

钳工工作场地是钳工实际操作的场所,为确保安全生产,提高工作效率和质量,应合理利用工作场地。一般的钳工场地按作业功能分区布置,大致分为钳工工位区、划线区、磨削区、钻削区,场地布置示例如图1-1所示。

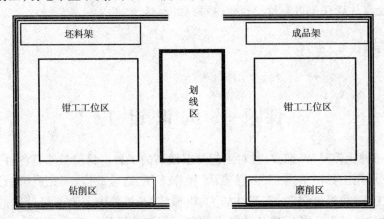

图1-1　钳工场地布置示例

2. 场地布置和使用的主要要求

(1)合理布局主要设备:钳工工作台应放在光线适宜、工作方便的地方,应在工作台中间安装安全网,砂轮机、钻床应设置在场地边缘,尤其是砂轮机一定要安装在安全可靠的地方。

(2)正确摆放毛坯、工件:毛坯和工件要分开摆放,并尽可能整齐地摆放在工件架上,两相邻件间要留有一定空间,以免磕碰。

(3)工具、夹具、量具要摆放有序:常用的工具、夹具、量具用后应及时清理、维护和保养,并妥善放置。

(4)工作场地应保持清洁:工作或实训结束后应打扫干净场地,并按设备使用规范要求对设备进行养护。

3. 安全文明生产

坚持安全生产、文明生产是保障人身安全和设备安全,防止工伤和设备安全事故的前提,是影响产品质量和生产效率的重要措施,因此,必须树立"安全为了生产(教学),生产(教学)必须安全"的观念,严格遵守劳动纪律,执行安全操作规程,避免安全事故发生。在钳工生产(教学)过程中必须遵守以下规程:

(1)工作前必须穿戴好防护用品,检查所用工具必须完好、可靠后才能开始工作。禁止使用有裂纹、毛刺、手柄松动等不符合安全要求的工具,并严格遵守常用工具安全操作规程。

(2)开动设备,如台钻、摇臂钻等应先检查防护装置、紧固螺钉以及电、油、气等开关是否完好,并空载试车检查正常后,方可投入工作。操作时应严格遵守所用设备的安全操作规程。

(3)操作的设备及其他电动工具,若发生电路故障,应请专业电工修理,严禁自己拆卸修理。

(4)工作中注意周围人员及自身的安全,防止因挥动工具时工具脱落、铁屑飞溅造成伤害。两人以上工作时,要注意协调配合。工件堆放整齐平稳。

(5)操作旋转设备时,如台钻、摇臂钻等,严禁戴手套,不能用手拿工件进行钻、铰、锪孔等操作。

(6)清除铁屑必须使用清洁工具,严禁手拉嘴吹。

(7)严禁在划线平台上敲击、坐人或堆放其他杂物。

(8)严禁在操作或其他时间用工具进行打闹或对他人进行玩笑式的动作,以防误伤他人和自己。

(9)工作结束,必须将设备和工具、电、气、水、油源断开;清洁工量具并分类放置到工具箱或指定位置;台钳摇至台口位置,手柄垂直向下;清理好现场。

三、钳工常用设备

1. 钳工工作台

钳工工作台又叫钳台、钳桌,用来安装台钳、放置工具和在台钳上进行手工加工等,多为木制或钢制结构。其长度和宽度可随工作内容而定。其高度一般为 800~900mm,装上台钳后以钳口高度恰好与肘齐平为宜,即肘放在台钳最高点半握拳,拳刚好抵下颌,以确保操作者工作时的高度比较合适,钳桌结构及台面布置如图1-2所示。按钳台上安装台钳的数量分单人操作钳台,双人操作钳台和多人操作钳台等。

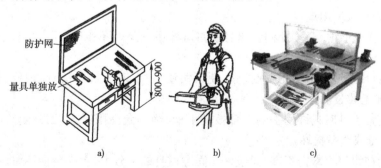

图1-2 钳工工作台
a)钳桌;b)钳口高度;c)钳桌布置

2. 台钳

台钳是钳工最常用的用来夹持工件的一种设备,一般固定安装在钳工工作台上(如图1-2所示)。台钳有固定式和回转式两种,如图1-3所示。其规格用钳口的宽度来表示,常用的有100mm、125mm和150mm等。

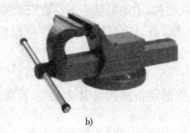

图1-3 台钳
a)回转式;b)固定式

1)台钳的结构和原理

目前,钳工最常用的是回转式台钳。其结构如图1-4所示。

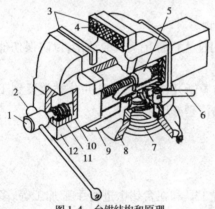

图1-4 台钳结构和原理
1—丝杠;2—手柄;3—钳口;4—钳口固定螺钉;5—丝杠螺母;6—夹紧螺钉手柄;7—夹紧盘;8—转座;9—固定钳身;10—挡圈;11—弹簧;12—活动钳身

原理:活动钳身12与固定钳身9的导轨作滑动配合。丝杠1装在活动钳身上,可以旋转,但不能轴向移动,其前端与安装在固定钳身内的丝杠螺母5配合。当摇转手柄2使丝杠旋转时,可以带动活动钳身相对于固定钳身作轴向移动,起夹紧或放松的作用。弹簧11借助挡圈和开口销固定在丝杠上,当放松丝杠时,可使活动钳身及时地退出。在固定钳身和活动钳身上,各装有钢制钳口3,并用钳口固定螺钉4固定。钳口的工作面上制有交叉的网纹,使工件夹紧后不易产生滑动。固定钳身装在转座8上,并能绕转座轴心线转动,当转到要求的方向时,扳动夹紧螺钉手柄6使夹紧螺钉旋紧,便可在夹紧盘7的作用下把固定钳身固紧。转座上有三个螺栓孔,用以与钳台固定。

2)台钳的安装使用规范

(1)台钳在安装时,必须使固定钳身的钳口处在钳台边缘外,保证夹持长条形工件时,工件不受钳台边缘的阻碍。

(2)固定台钳的压紧螺钉必须扳紧,使台钳钳身在加工时没有松动现象,否则会损坏台钳和影响加工质量。

(3)在夹紧工件时只许用手的力量扳动手柄,绝不允许用锤子或其他套筒扳动手柄,以免丝杆、螺母或钳身损坏。

(4)不能在钳口上敲击工件,而应该在固定钳身的平台上,否则会损坏钳口。

(5)在进行强力作业时,应尽量使作用力朝向钳身,否则将造成螺纹损坏。

(6)丝杆、螺母和其他滑动表面要求经常保持清洁,并加油润滑。

3)台钳拆装与维护

一般情况下,对台钳维护保养时,需要进行台钳的拆卸与装配,基本操作过程如下:

(1)拆活动钳身:逆时针旋转手柄,使活动钳身沿固定钳导轨外移至丝杆和丝杆螺母脱开啮合,取下活动钳身,如图1-5所示。

图1-5 拆活动钳身
a)旋手柄;b)取活动钳身

(2)拆丝杆螺母:适当松开夹紧螺钉手柄,转动固定钳身至便于拆丝杆螺母位置,旋松丝杆螺母固定螺钉,取下丝杆螺母,如图1-6所示。

图1-6 拆丝杆螺母
a)旋松夹紧螺钉手柄;b)旋松丝杆螺母固定螺钉

(3)拆固定钳身:旋下夹紧螺钉及手柄,取下固定钳身,如图1-7所示。

图1-7 拆固定钳身
a)旋下夹紧螺钉;b)取固定钳身

(4) 清洁检查和润滑：清洁台钳各部件表面的金属屑和油污；检查丝杆、螺母螺纹磨损，钳口紧固螺钉、固定钳身夹紧螺钉损伤及钳身裂纹、损伤等情况，并在丝杆、螺母、夹紧盘、固定钳身导轨等部位进行润滑，如图1-8所示。

图1-8 清洁和润滑
a) 清洁；b) 润滑

(5) 装配：台钳装配顺序与拆卸过程相反进行。

注意事项：
(1) 拆装活动钳身时需防止其掉落。
(2) 装配完成后必须清洁钳身表面及钳口、手柄、钳桌上的油污。

3. 砂轮机

砂轮机是用来刃磨各种刀具（如錾子、钻头、刮刀、样冲、划针等）和工件，磨削、去毛刺及清理的常用设备。砂轮机类型有台式和立式两种，如图1-9所示。其基本结构由基座、砂轮、电动机（或其他动力源）、托架、防护罩等组成，砂轮设置于基座的端面，基座内部具有容置动力源的空间，动力源传动至减速器，减速器具有一根穿出基座端面的传动轴用于安装砂轮。

图1-9 砂轮机
a) 立式；b) 台式

砂轮较脆，且转速很高，使用不当会造成砂轮碎裂，引发安全事故。因此，必须严格遵守安全操作规程。安全操作工艺顺序如下：

(1) 使用前必须检查砂轮机是否固定，电源线有无破损，接地线连接是否可靠，砂轮是否松动、有无裂损。
(2) 检查工件的托架必须安装牢固，托架面要平整，托架的位置与砂轮之间的距离应不大于 3mm；以防工件扎入造成事故。

(3) 接通电源,查看砂轮的旋转方向是否正确(与砂轮防护罩上箭头所示一致),运转是否平稳。若砂轮机跳动明显,应及时停机修理。

(4) 砂轮机启动并运转平稳后再进行磨削,操作时面向砂轮稍靠左站位。

(5) 磨工件(刃具)时,使工件缓慢接近砂轮,不能用力过猛使工件对砂轮造成冲击,磨削件与砂轮接触面稍高于砂轮中心的水平面并左右移动,磨削压力不宜过大,时间不宜过长,必要时用冷却水冷却工件(刃具),防止退火。

(6) 磨小工件时,不能直接用手持工件打磨,应选用合适的夹具夹稳工件再进行操作。

(7) 使用完毕后应及时关闭砂轮机电源,并清理工作场地。

4. 钻床

钻床主要用来加工外形较复杂、没有对称回转轴线的工件上的孔和孔系,如箱体、机架等零件上的各种孔。钳工常用的钻床有台式钻床、立式钻床和摇臂钻床 3 种,如图 1-10 所示。

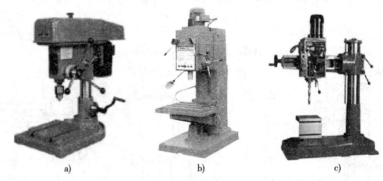

图 1-10 钻床的类型
a) 台式钻床；b) 立式钻床；c) 摇臂钻床

1) 钻床的结构和原理

(1) 台式钻床。台式钻床简称台钻。它是一种安放在作业台上、主轴垂直布置的小型钻床。其最大钻孔直径为 13mm,常见结构如图 1-11 所示。

台钻由机头、电动机、塔式带轮、立柱、回转工作台和底座等组成。电动机和机头上分别装有 5 级塔式带轮,通过改变 V 形传动带在两个塔式带轮中的位置,可使主轴获得 5 种转速,机头与电动机连为一体,可沿立柱上下移动以及绕立柱水平转动,根据需钻孔工件的高度和孔的位置,将机头调整到适当位置后,通过锁紧手柄使机头固定,即可进行钻孔作业。回转工作台可沿立柱上下移动,或绕立柱轴线作水平转动,以便钻斜孔时使用。在回转工作台上有两条调整槽,用来装置夹具；对于相对较大、较重的工件,在进行钻孔作业时,可将回转工作台转到一侧,而直接将工件置于底座上进行加工。底座上面是一工作面,有两条 T 形槽,用来

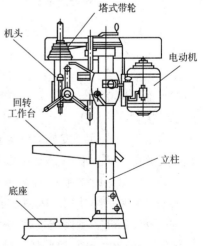

图 1-11 台式钻床结构示意图

装置夹具;在其下部四角有安装孔,用以固定整机。

(2)立式钻床。立式钻床简称立钻,结构如图1-12所示。立钻可用来进行钻孔、扩孔、镗孔、铰孔、攻螺纹和锪端面等。主轴变速箱和工作台安置在立柱上,主轴垂直布置。立钻刚性好、强度高、功率较大,最大钻孔直径有25mm、35mm、40mm和50mm等几种。

立钻由主轴变速箱、电动机、进给变速箱、立柱、工作台、冷却系统和底座等组成。电动机通过主轴变速箱驱动主轴旋转,改变变速手柄位置,可使主轴得到多种转速。通过进给变速箱,可使主轴得到多种机动进给;转动手柄可以实现手动进给。工作台上有T形槽,用来装夹工件或夹具。工作台能沿立柱导轨上下移动,根据钻孔工件的高度,适当调整工作台位置,然后通过压板、螺栓将其固定在立柱导轨上。底座用来安装和固定立钻,并设有储液箱,为孔加工提供切削冷却液,以保证有较高的生产效率和孔的加工质量。

(3)摇臂钻床。摇臂钻床是一种用来对大中型工件进行在同一平面内、不同位置的多孔系加工(钻孔、扩孔、锪孔、镗孔、铰孔、攻螺纹和锪端面等)的大型机械,结构如图1-13所示。摇臂钻床主要由摇臂、主电动机、升降电动机、立柱、主轴变速箱、工作台、底座等部分组成。

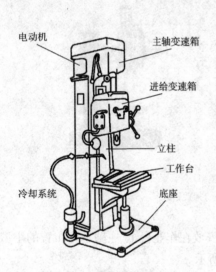

图1-12 立式钻床结构示意图

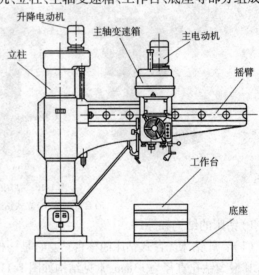

图1-13 摇臂钻床结构示意图

主电动机旋转直接带动主轴变速箱中的齿轮系,使主轴得到十几种转速和进给速度,可实现机动进给、微量进给、定程切削和手动进给。主轴变速箱能在摇臂上移动,以加工同一平面上相互平行的孔系。摇臂在升降电动机驱动下能沿立柱轴线任意升降,操作者可手拉摇臂绕立柱作360°。任意旋转,根据工作台的位置,将其固定在适当角度。工作面上有多条T形槽,用来安装中小型工件或钻床夹具。大型工件加工时,可将工作台移开,工件直接安放在底座上加工,必要时可通过底座上的T形槽螺栓将工件固定,然后进行加工。

使用摇臂钻时要注意:主轴变速箱或摇臂移位时,必须先松开锁紧装置再移位,移位后要确认锁紧后再使用。因钻床设有汇流环装置,故操作者手拉摇臂回转时,不能总沿一个方向连续回转。操作结束后,必须将主轴变速箱移至摇臂的最内端(靠近立柱一侧),以保证摇臂的精度,并将摇臂降至最低点,旋回底座正上方。

2)钻床使用和操作

钻床的类型较多,结构、参数、性能及操作方法虽有差异,但基本操作相近,以下仅介绍立式钻床常规的使用和操作方法,具体机型的使用和操作请参考相关说明书。

立式钻床常规的使用和操作方法:

(1)使用前必须检查钻床电源线有无破损、接地是否可靠,各工作装置固定是否牢靠、冷却液是否充足。

(2)根据加工要求(钻孔、扩孔、锪孔、镗孔、铰孔、攻螺纹和锪端面)和工艺尺寸及工件材料选择好刃具、夹具,安装到进给轴端并紧固到位。

(3)根据加工工件形状正确选择夹具,将划好线的工件牢固、可靠地夹装在工作台上,钻通孔时应在工件下方垫木块。

(4)调整工作台与进给变速箱之间的距离。

(5)操纵手动进给手柄使进给变速箱向工作台方向移动,找正刃具旋转中心和加工孔中心。

(6)选择进给方式(手动或自动)和进给参数(转速、自动进给量等)。

(7)启动开关(绿色),检查钻床运转状况,钻床运转正常时操纵进给手柄(手动进给)使刃具缓慢接近工件,刃具与工件刚接触时切削进给压力要小,进入正常切削后可适当增加进给压力,切削要结束时减小进给压力。

(8)在钻床工作时,要及时用毛刷清理切屑,严禁用手或其他柔软可缠绕性物品进行清理,更不能用嘴吹。

(9)钻头上若绕有长切屑时,应停止进给,退出钻头后停机用刷子或铁钩将铁屑清除后再继续钻削。

(10)在操作过程中要及时供给冷却液、润滑液。

(11)工作结束后及时断开钻床电源,并清理切屑,擦净溢出的冷却液、润滑液,清洁工作台面以及整理场地。

注意事项:

(1)刃具旋转时,不得用手摸刃具或翻转、夹压以及测量工件。

(2)立钻使用前必须先空转试车,在机床各机构都能正常工作时才可操作。

(3)严禁戴着手套操作。

(4)变换主轴转速或机动进给量时,必须在停机后进行调整。

四、练一练

在实习指导教师指导下完成以下任务:

(1)台钳的拆装与保养。

(2)工件装夹与钻床操作。

课题二　钳工常用工量具

一、钳工作业中常用的工具

钳工作业中常用的工具有以下几种类型:

(1) 划线工具:划线平台、千斤顶和垫铁、样冲、划针、划规、划针盘和量高尺、分度头等。

(2) 锉削工具:普通锉、异形锉、整形锉等。

(3) 錾削工具:扁錾、尖錾、油槽錾、锤子等。

(4) 锯割工具:锯弓、锯条等。

(5) 攻螺纹、铰孔工具:铰刀、铰杠、丝锥、板牙、板牙架等。

(6) 刮研工具:刮刀、刮削校准工具和研磨工具等。

(7) 拆装工具:旋具、扳手、拉卸工具等。

(8) 电动工具:手持电钻、电动磨头等。

钳工作业工具种类较多,本节主要介绍常用拆装工具和电动工具的用途和用法,其他类别的工具在后续项目中介绍。

二、拆装工具及使用注意事项

1. 拆装工具

1) 扳手

(1) 开口扳手,又称为呆扳手。其开口的中心平面和本体中心平面成15°角,规格是以两端开口的宽度(mm)来表示。通常是成套装备,有6件套或8件套等。适用于拆装标准规格的螺栓和螺母。使用时应选用扳口规格与螺栓、螺母的头部尺寸一致,可以上、下套入或者横向插入,扳口厚的一边应置于受力大的一侧,扳动时以拉动为主,若采用推动时,用手掌推动,以防止伤手,如图1-14所示。

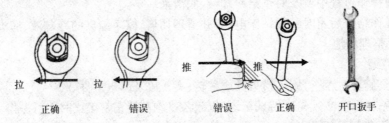

图1-14 开口扳手及使用

(2) 梅花扳手。适用于拆装5~27mm范围的螺栓或螺母。通常是成套装备,有6件套或8件套等。梅花扳手两端似套筒,有12个或6个棱角,能将螺栓或螺母的头部套住,工作时不易滑脱,更适用于狭窄条件下螺栓和螺母的拆装操作,如图1-15所示。

(3) 活动扳手。活动扳手的开口开度可以自由调节,适用于不规则螺栓或螺母的拆装。其规格是以最大开口宽度(mm)来表示。使用时,应将钳口调整到与螺栓或螺母的对边距离同宽,并使其贴紧,让扳手可动钳口承受推力,固定钳口承受拉力,如图1-16所示。

(4) 套筒扳手。套筒扳手的环孔形状与梅花扳手相同,适用于拆装位置狭窄或需要一定力矩的螺栓或螺母。套筒扳手主要由套筒头、手柄、棘轮手柄、快速摇柄、接头和接杆等组成,常用套筒扳手的规格是为10~32mm,如图1-17所示。

(5) 扭力扳手。扭力扳手是一种可读出所施力矩大小的专用工具,使用时必须与套筒配合。其规格是以最大可测力矩来划分,如图1-18所示。

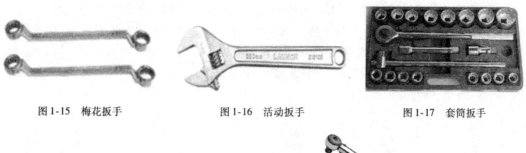

图 1-15　梅花扳手　　　图 1-16　活动扳手　　　图 1-17　套筒扳手

图 1-18　扭力扳手

（6）内六角扳手。内六角扳手是用来拆装内六角螺栓（螺塞）用的成套专用扳手。规格以六角形对边尺寸（mm）表示，如图 1-19 所示。

2）螺丝刀

螺丝刀又称起子、改锥。用于拆装带槽口螺钉的工具。如图 1-20 所示。

（1）一字形螺丝刀。又称一字形螺钉旋具、平口改锥，如图 1-20a）所示。用于旋紧或松开头部开一字槽的螺钉。其规格以刀体部分的长度表示，常用的规格有 100mm、150mm、200mm 和 300mm 等几种，使用时，应根据螺钉沟槽的宽度选用相应的规格。

（2）十字形螺丝刀。又称十字槽螺钉旋具、十字改锥，用于旋紧或松开头部带十字沟槽的螺钉，如图 1-20b）所示。

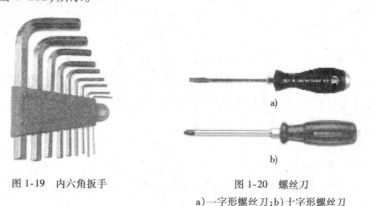

图 1-19　内六角扳手　　　图 1-20　螺丝刀
　　　　　　　　　　　　a）一字形螺丝刀；b）十字形螺丝刀

3）钳子

（1）尖嘴钳。用于在狭小工作空间夹持零件；带刃尖嘴钳可切断细小金属丝。使用时不能用力太大，否则，钳口头部会变形或断裂，规格以钳长来表示，常用为 160mm，如图 1-21a）所示。

（2）鲤鱼钳。鲤鱼钳钳头的前部是平口细齿，适用于夹持小零件；中部凹口粗长，用于夹持圆柱形零件；钳口后部的刃口可剪切金属丝。由于一片钳体上有两个互相贯通的孔，又有一个特殊的销子，操作时钳口的张开度方便调节，以适应夹持不同大小的零件。规格以钳长来表示，常用的有 165mm、200mm 两种，如图 1-21b）所示。

(3)钢丝钳。钢丝钳的用途和鲤鱼钳相似,用于夹持、弯曲或扭拆薄形片、圆柱形金属零件或切断金属丝。其支销相对于两片钳体是固定的,使用时不如鲤鱼钳灵活,但剪断金属丝的效果比鲤鱼钳要好,规格有150mm、175mm、200mm共3种。如图1-21c)所示。

(4)卡簧钳。用于拆卸和安装弹性挡圈的专用工具,分内卡和外卡两种。每一种有内直、外直、内弯、外弯几种形式。如图1-21d)、e)所示。

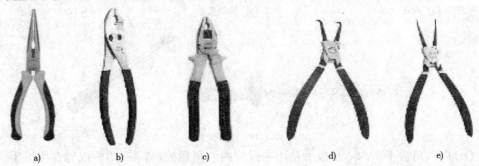

图1-21 各种手钳
a)尖嘴钳;b)鲤鱼钳;c)钢丝钳;d)、e)卡簧钳

4)手锤

手锤:又称榔头。由锤头和手柄组成。锤头质量有0.25kg、0.5kg、0.75kg、1kg等。锤头形状有圆头和方头。手柄用硬杂木制成,长一般为320~350mm。用于敲击工件,使工件变形、位移、振动,也可以用于工件的校正、整形,或敲击錾削工具。如图1-22所示。

2.拆装工具选用和注意事项

图1-22 手锤

(1)扳手的开口尺寸必须与螺栓或螺母的尺寸相符合,开口过大易滑脱并损伤螺栓螺母的棱角。

(2)各类扳手的选用原则是:优先选用套筒扳手,其次为梅花扳手,再次为开口扳手,最后选活动扳手。

(3)为防止扳手损坏和滑脱,应使受力作用在开口较厚的一边,以防损坏螺母和扳手。

(4)使用普通扳手遇到拆卸较紧的螺纹件时,不能用锤击打扳手;除套筒扳手外,其他扳手都不能套装加力杆,以防损坏扳手或螺纹连接件。

(5)起子型号规格应与螺钉沟槽的宽度相适应;使用时,除施加扭力外,还应施加适当轴向压力,以防滑脱出槽损坏零件;不可用起子当撬棍使用。

(6)使用手锤时,要仔细检查锤头和锤把是否楔塞牢固。

(7)保持工具表面无油污。

三、电动工具及使用注意事项

1.电钻

电钻是手持式电动钻孔工具,如图1-23所示。

电钻具有体积小、质量轻、使用灵活、方便等特点,适用于工件不能使用钻床钻孔时孔的加工。

电钻使用时注意事项:

图1-23 手持电钻

(1)电钻使用前,须先空转 1min 左右,检查传动部分运转是否正常。

(2)钻孔时用力不应过猛。当孔将要钻穿时,应相应减轻压力。

2. 电动磨头

电动磨头是手持式电动磨削工具,图 1-24 所示。配有各种形式的磨头以及各种成形铣刀,适用于在工具、夹具和模具的装配调整中,对各种形状复杂的工件进行修磨、抛光或铣削。

电动磨头使用注意事项:

(1)使用前须先开机空转 2~3min,检查磨头等是否安装正常。

(2)软轴与机身的夹头以及软轴与磨头的夹头,务必要用小扳手锁紧。

(3)安装软轴或更换磨头时,务必切断电源。

(4)砂轮外径不能超过磨头铭牌上规定的尺寸。

(5)使用时砂轮和工件接触的压力不宜过大,更不能用砂轮冲击工件,以防砂轮爆裂造成事故。

3. 电动剪刀

电动剪刀是手持式剪切工具,如图 1-25 所示。是对各种复杂的大型样板进行落料加工的主要工具之一。它使用灵活、携带方便,能用来剪切各种几何形状的金属薄板材。

电动剪刀使用时注意事项:

(1)应根据样板材料厚度选用电动剪刀规格。

(2)开机前应检查各部螺钉是否牢固,待开机运转正常后再使用。

(3)作小半径圆或圆弧剪切时,须将两刃口间距调整到 0.3~0.4mm。

4. 手提砂轮机

手提砂轮机是用砂轮或磨盘进行磨削的电动工具。如图 1-26 所示。可对小型工具、刀具和工件进行磨削和抛光。也可对工件进行切割。使用注意事项参考台式砂轮机安全操作规程。

图 1-24 电动磨头　　　　图 1-25 电动剪刀　　　　图 1-26 手提砂轮机

四、钳工常用量具及使用

钳工作业范围和内容较多,使用的量具种类繁多,以下仅介绍几种最常用的量具及其使用方法。

1. 钢直尺

钢直尺是最简单的量具。它的长度有 150mm、300mm、500mm 和 1000mm 共 4 种规格。在钳工作业中除用于测量工件尺寸外,还用来作划线导向工具和检验工件平面度。如图 1-27 所示。

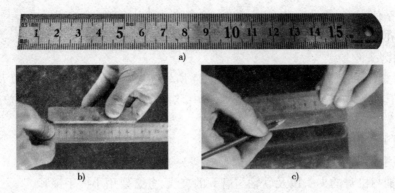

图 1-27 钢直尺及其使用方法
a)钢直尺;b)测量长度;c)划线导向

2. 直角尺

直角尺主要检查两垂直面的垂直度及单个平面的平面度,也作为划垂直线及平行线的导向工具,找正工件在划线平台上的垂直位置,如图 1-28 所示。

直角尺使用时注意事项:

(1)将尺座一面靠紧工件基准面,尺杆向工件另一面靠拢。

(2)观看尺杆与工件贴合度,透过光线是否均匀。

(3)透过光线均匀,工件两邻面垂直;透过光线不均匀,两邻面不垂直。

(4)用厚薄规检查贴合面间的间隙,表示垂直度。

3. 厚薄规

厚薄规俗称塞尺或间隙片。由许多厚薄不一的薄钢片组成,如图 1-29 所示。主要用来检验两个结合面之间的间隙大小。测量时,根据结合面间隙的大小,用一片或数片重叠在一起塞进间隙内。

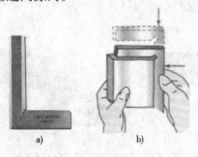

图 1-28 直角尺及其使用
a)直角尺;b)检查垂直度

图 1-29 厚薄规

使用厚薄规注意事项:

(1)根据结合面的间隙情况选用厚薄规片数,但片数越少越好。

(2)测量时塞进不能用力太大,以免厚薄规遭受弯曲和折断。

(3)不能测量温度较高的工件。

4. 卡钳

卡钳是简单的比较性量具。应用于要求不高的零件尺寸的测量和检验,尤其是对锻铸件毛坯尺寸的测量和检验。卡钳按用途分内卡钳和外卡钳两种,按结构分普通卡钳和弹簧卡钳。外卡钳用来测量外径和平面尺寸；内卡钳用来测量内径和凹槽尺寸。如图1-30 所示。用卡钳不能直接读出测量结果，必须把测量得到的尺寸在钢直尺上进行读数，或在钢直尺上先取所需尺寸，再去检验工件尺寸是否符合。

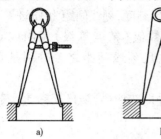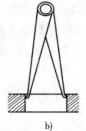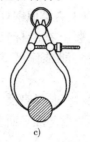

图 1-30　卡钳及使用

a)弹簧内卡钳；b)普通内卡钳；c)弹簧外卡钳；d)普通外卡钳

5. 游标卡尺

游标卡尺是一种测量精度中等的常用量具，可以用它来测量工件、零件的外径、内径、长度、宽度、厚度、深度和孔距等尺寸等。按其用途和形式分为普通游标卡尺（有Ⅰ、Ⅱ、Ⅲ、Ⅳ共 4 种）、深度游标卡尺、高度游标卡尺、齿厚游标卡尺等；按其读数显示分为普通卡尺式、带表卡尺式和电子卡尺式。普通游标卡尺的结构、测量范围和游标读数值见表 1-2。带表卡尺和电子卡尺结构与读数特点见表 1-3。

普通游标卡尺的测量范围和读数值　　　　　　　表 1-2

型式	测量范围	游标读数值（精度等级）	图 例	结构说明
Ⅰ	0～125mm 0～150mm	0.02mm 0.05mm 0.10mm		称三用卡尺；其内量爪带刀口形的测量面，用于测量内尺寸；外量爪带平面和刀口形的测量面，用于测量外尺寸；尺身背面带有深度尺，用于测量深度和高度
Ⅱ Ⅲ	0～200mm 0～300mm			称双面卡尺；其上量爪为刀口形外量爪，下量爪为内外量爪，可测内外尺寸
Ⅳ	0～500mm 0～1000m			称单面卡尺；卡尺带有内外量爪，可以测量内侧尺寸和外侧尺寸

带表卡尺和电子卡尺结构与读数特点　　　　　　　表 1-3

类 型	游标读数值（精度等级）	图 例	读数特点
带表游标卡尺	0.01mm 0.02mm		由游标主尺读整数，表盘读小数，两个数相加即为被测工件尺寸
电子卡尺	0.01mm		由液晶显示屏直接读数，并可进行公制和英制转换

1)普通游标卡尺结构与应用

(1)普通游标卡尺的结构。以三用普通游标卡尺为例,其结构如图1-31所示。结构特点如下:

①具有固定量爪的尺身上有类似钢直尺一样的主尺刻度,刻线间距为1mm。

②具有活动量爪的尺框上有游标尺,游标尺读数值(精度等级)可制成0.1mm、0.05mm和0.02mm共3种,即游标尺刻线间距与主尺刻线间距之差分别是0.1mm、0.05mm和0.02mm。

③深度尺固定在尺框的背面,尺身镶入主尺背面导向凹槽中,随尺框移动。测量深度时,尺身尾部的端面靠紧在测量基准平面上。

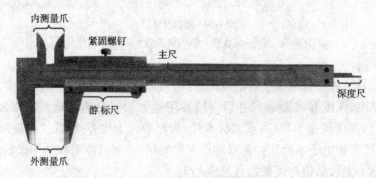

图1-31 普通游标卡尺结构

其他各种游标卡尺除不带深度尺外,当测量范围大于200mm时,带有随尺框作微动调整的微动装置。微动装置的作用使游标卡尺在测量时用力均匀,便于调整测量压力,减少测量误差。测量时,先用紧固螺钉把微动装置固定在尺身上,再转动微动螺母,活动量爪就能随同尺框作微量的前进或后退。

(2)普通游标卡尺的应用。普通游标卡尺测量工件如图1-32所示。

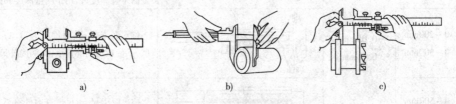

图1-32 普通游标卡尺测量工件
a)测量长度;b)测量外径;c)测量槽宽

2)游标卡尺刻线原理与读数方法

以游标尺读数值0.02mm的常用游标卡尺为例:

(1)刻线原理。游标卡尺尺身(主尺)上刻有间隔为1mm的刻线,游标上共刻有50格,平分尺身49mm,如图1-33所示。主尺与游标尺每格刻线差值为1/50,即0.02mm,所以游标尺刻线每格为0.98mm。当两个测爪完全贴合(即尺寸为零)时,游标尺零线与主尺零线对齐;当两个测爪张开0.02mm尺寸时,则游标尺上第一条刻线(零线除外)与主尺的1mm线对齐,以此类推,可从游标尺刻线与主尺刻线的对齐线数值读出测量尺寸值。

(2)读数方法。游标卡尺读数示例如图1-34所示。

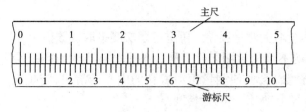

图1-33 游标卡尺刻线原理

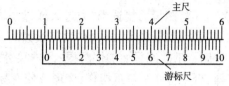

图1-34 游标卡尺读数方法

游标卡尺读数分3个步骤：

①读整数：读出游标尺"0"线左侧主尺上尺的整数，图1-33所示主尺上整数为10mm。

②读小数：读出与主尺刻度线对齐的游标尺上的第"n"条刻度线（图1-34所示为第26条刻线），算出小数"$n \times 0.02$"，即小数部分为：$26 \times 0.02 = 0.52$mm。

③读总数：将上述两数求和即为游标卡尺测得的工件尺寸。即：游标卡尺读数 = 主尺整数 + 游标尺小数，图1-34所示尺寸为10mm + 0.52mm = 10.52mm。

游标尺读数值（精度等级）为0.10mm、0.05mm两种游标卡尺的读数方法见表1-4。

游标卡尺读数值（精度等级）为0.10mm、0.05mm两种游标卡尺的读数方法 表1-4

游标读数值（精度等级）	图 例	读 数 值
0.10mm		整数：54mm 小数：$5 \times 0.1 = 0.5$mm 读数值： $54 + 0.5 = 54.50$mm
0.05mm		整数：61mm 小数：$14 \times 0.05 = 0.70$mm 读数值： $61 + 0.70 = 61.70$mm

3) 游标卡尺使用及注意事项

测量时，首先拧松紧固螺钉，右手拿住尺身，大拇指移动游标尺，将待测物位于外测量爪之间，当量爪与被测量工件表面接触时，调整好量爪与工件的正确位置，拧紧紧固螺钉，固定住测量尺寸即可从游标卡尺上读出实际测量尺寸。使用中应注意以下事项：

（1）使用前应清洁游标卡尺和被测工件，检查工件表面是否有锈蚀、碰伤及影响测量精度的缺陷。

（2）检查紧固螺钉的作用应可靠。松开紧固螺钉，平稳移动游标尺应灵活，再轻轻推动游标尺，使两个测量爪合龙，检查游标尺零线与主尺零线、游标尺尾线与主尺的相应刻线都应相互对准。

（3）测量时左手拿工件，右手拿游标卡尺进行测量。对于较大尺寸工件，可以双手拿尺测量，即左手捏住尺身测量爪头部，右手推拉调节游标尺慢慢接触工件。

（4）读数时，应使视线垂直于游标卡尺的刻度线，否则，会增大测量误差。

（5）测量孔径和轴径时，应使两测量爪的测量线通过轴线。测内槽宽时，应使测量爪的测量线垂直于槽壁。

（6）用带深度尺的游标卡尺测量孔深或高度时，深度尺要垂直于工件，不可前后左右倾斜。

(7)测量力要适当,力过大或过小均会增大测量误差。可进行多次测量取读数值。

(8)测量外尺寸时,在读完读数后,切不可从被测工件上猛力抽下游标卡尺,否则,会使测量爪的测量面加快磨损;测内尺寸读数后,要使测量爪沿着孔的中心线滑出,防止歪斜,否则将使测量爪扭伤、变形或使游标尺走动,影响测量精度。

(9)不能用游标卡尺测量运动的工件,否则,容易使游标卡尺受到严重磨损,也容易发生事故。

(10)游标卡尺不能与工件撞击,以防损坏游标卡尺。

(11)游标卡尺使用完毕,要擦净上油,放到游标卡尺盒内保管。

6. 高度游标卡尺

高度游标卡尺简称高度尺,如图1-35所示。主要用于测量工件的高度,另外还经常用于测量形状和位置公差尺寸,有时也用于划线。根据读数形式的不同,高度游标卡尺可分为普通游标式和电子数显式高度游标卡尺两大类。

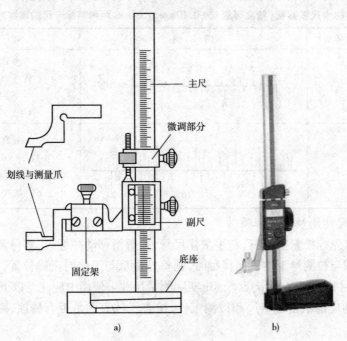

图1-35 高度游标卡尺
a)普通游标式;b)电子数显式

高度游标卡尺使用注意事项:

(1)使用前,应检查底座工作面是否有毛刺或擦伤,底座的工作面和检验用的平板是否清洁,测量爪是否完好、紧固等。

(2)搬动高度游标卡尺时,应握持底座,不允许抓住尺身,否则,容易使高度游标卡尺跌落或尺身变形。

(3)测量高度尺寸时,先将高度游标卡尺的底座贴合在平板上,移动固定架上的测量爪,使其端部与平板接触,检查高度尺的零位是否正确。然后,将固定架上的测量爪提高到略大于被测工件的尺寸,拧紧微动装置的紧固螺钉,旋动微动螺母,使测量爪端部与被测工作表面接触,紧固固定架上的紧固螺钉,即可读得被测高度。其读数方法与游标卡尺相同。

(4)划线时,装上划线爪,按所需划线的高度尺寸调节固定架,先紧固微动装置的紧固螺钉,然后旋动微动螺母使高度游标卡尺准确地对准所需划线的尺寸,再将固定架紧固后即可进行划线。划线时底座应贴合平台,平稳移动。

7. 千分尺

千分尺又称螺旋测微器、分厘卡等,是一种精密量具,主要用来测量加工精度较高的精密工件的尺寸和误差,其测量精度为 0.01mm。它按用途分为外径千分尺、内径千分尺、深度千分尺、螺纹千分尺、公法线千分尺等;按读数显示方式分为普通式(机械式)、带表式和电子式(数显式)千分尺三大类。其外形结构如图 1-36 所示。

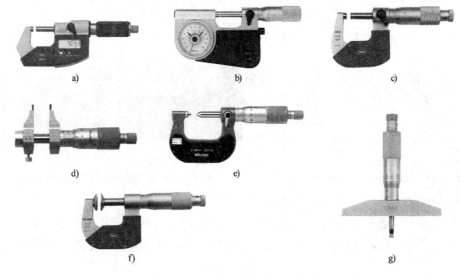

图 1-36 千分尺类型

a)电子式外径千分尺寸;b) 带表外径千分尺寸;c)普通外径千分尺;d)内径千分尺;e)螺纹千分尺;f)公法线千分尺;g)深度千分尺

尽管千分尺种类较多,但都是利用螺旋传动原理把螺杆的旋转运动转化成直线位移来进行测量。现以外径千分尺为例说明其结构、刻线原理及使用方法。

1)外径千分尺结构与应用

(1)外径千分尺结构。外径千分尺是一种比游标卡尺更精密的长度测量仪器,常用于测量加工精度要求较高的轴类轴颈尺寸。规格以所能测量的尺寸段划分,最常用的有 0~25mm、25~50mm、50~75mm、75~100mm、100~125mm 等 5 种。所有规格的千分尺量程均为 0~25mm。其结构如图 1-37 所示。

(2)外径千分尺应用。外径千分尺检测工件如图 1-38 所示。

2)刻线原理

固定套筒上刻的水平长刻线为零基准线,基准线上下方均刻有等间距的刻线,每格为 1mm,且上下刻线错开 0.5mm;此外,微分筒左锥面上均匀刻有 50 条刻线,共 50 个格。当微分筒旋转一周时,测微螺杆移动 0.5mm,所以每当微分筒相对固定套筒上的零基准线转过1格时,测微螺杆就移动0.01mm。

3)读数方法

外径千分尺读数示例如图1-39所示。

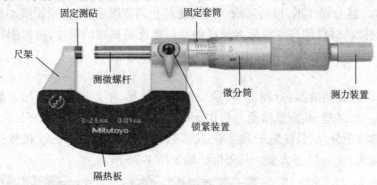

图1-37 外径千分尺结构

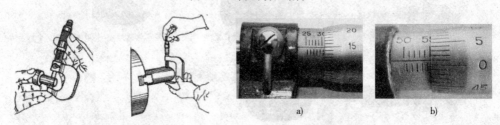

图1-38 外径千分尺检测示例　　图1-39 外径千分尺刻线原理及读数示例

读取外径千分尺读数分为三个步骤:

(1)读整毫米数和半毫米数:读出微分筒左端边缘以左所显示出的整毫米数和半毫米数,当半毫米数的线未露出时不读。图1-39a)所示读数为30.50mm,图1-39b)所示读数为55mm。

(2)读小数:读出微分筒的第 n 条刻线与长基准线对齐,则 $n\times0.01$mm 就为该读数的小数部分。图1-39a)为第15条刻线与长基准线对齐,则小数部分读数为 15×0.01mm$=0.15$mm;图1-39b)为第1条刻线与长基准线对齐,则小数部分读数为 1×0.01mm$=0.01$mm。

(3)读总数:将前两项尺寸数相加即为总数(所测尺寸)。图1-39a)总读数为:30.50mm+0.15mm=30.65mm。图1-39b)总读数为:55.00mm+0.01mm=55.01mm。

4)外径千分尺使用方法及注意事项

(1)使用前,应先检查千分尺误差。即把千分尺的两个测量面擦干净,将校对量杆置于固定测砧和测微螺杆之间(规格为0~25mm的千分尺除外),转动测力装置,使两测量面与校对量杆两端面接触,测力装置发出2~3响时微分筒与固定套筒的零刻度线应对准,否则需要校验千分尺。

(2)测量前,应将零件的被测量面擦干净,不能用千分尺测量带有研磨剂的表面和粗糙表面。

(3)测量时,左手握千分尺尺架上的隔热板,右手旋转微分筒使测量面靠近,当两个测量面与被测表面即将接触时旋转测力装置,使测量表面保持一定的测量压力。绝不允许旋转微分筒来夹紧被测量面,以免损坏千分尺。

(4)应注意测量杆与被测尺寸方向一致,保持两测量面与被测表面接触良好。

(5)测量时,最好在测量中读数,测量完毕后旋松微分筒,再取下千分尺,以减少测量杆端面的磨损。因条件限制,若不能在工件测量时读出尺寸,可以先旋紧锁紧装置,再取下千分尺,然后读出尺寸。

(6)读数时,要特别注意不要读错固定套筒上的0.5mm。

(7)使用后应及时清洁千分尺并放入盒内存放,以免与其他物件碰撞而受损,影响精度。

8.百分表

百分表是一种精度较高的比较量具,测量精度为0.01mm。主要用于检测工件的形状和位置误差(如圆度、平面度、垂直度、跳动等),也可在机床上用于工件的安装找正。其结构如图1-40所示。百分表表面的刻线把圆周等分成100个小格,当测量杆向上或向下移动1mm时,通过齿轮传动系统带动大指针转一圈,即大指针每转一格读数为0.01mm;同时在表面上还安置有现象大指针转动圈数的小表盘,大指针转一圈小指针转一格。小指针处的刻度范围为百分表的测量范围(一般有0~3mm,0~5mm和0~10mm共3种)。测量时大小指针读数之和即为测量尺寸的变动量。表盘可以转动,供测量时大指针对零用。百分表不能单独使用,使用时应把百分表装在普通表架或磁性表架上,测量应用举例见图1-41所示。

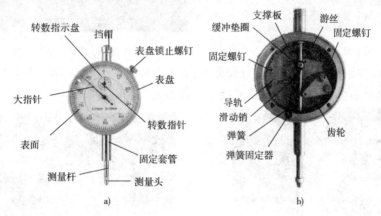

图1-40 百分表结构
a)外部结构;b)内部结构

1)百分表安装

普通百分表在磁性表座上的安装过程如下:

(1)将磁性表座放在平板上,打开磁性开关。如图1-42所示。

(2)将支架垂直杆装入磁性表座安装孔内并旋紧手柄固定。如图1-43所示。

(3)将连接卡装入垂直支架的垂直杆上端。如图1-44所示。

(4)装上横向接杆,调整好位置后锁紧。如图1-45所示。

图1-41 百分表的应用示例
a)百分表安装在表座上,检测盘端面跳动;
b)百分表安装在内径量表座上,检测汽缸磨损

(5)用拇指抵住百分表测量头,轻推测杆检查百分表是否能正常工作。如图 1-46 所示。

图 1-42　放置磁性表座

图 1-43　安装支架垂直杆

图 1-44　安装连接卡

图 1-45　安装横向接杆

图 1-46　检查百分表

(6)在横向接杆另一端装上百分表夹头,装入百分表。如图 1-47 所示。

(7)调整好百分表表面方向,适度旋紧百分表夹头手柄。如图 1-48 所示。

图 1-47　安装百分表

图 1-48　调整百分表表面方向

2)使用注意事项

(1)使用前应清洁百分表和工件表面,检查测量杆移动是否灵活,回位是否正常。

(2)百分表可固靠装夹在表架上,与装夹套紧固的夹紧力要适当,以免因变形卡住测量杆。

(3)检测平面时测量杆与被测工件表面必须垂直,否则将产生较大的测量误差。

(4)检测圆柱形工件时,测量杆轴线应与圆柱形工件直径方向一致(测量杆轴线与圆柱轴线垂直相交)。

(5)检测工件时必须保证百分表有 1mm 左右的预压缩量(小表针偏转 1 格),使百分表与工件表面保持合适的接触压力。

(6)调整好百分表与工件表面的相对位置后,轻提百分表挡帽 1~2 次,确保测量头与工件表面接触良好,并在表盘对零后旋动表盘锁紧螺钉锁住表盘。

(7)为确保读数准确,应进行多次测量,取偏差最大的读数。

(8)检测过程中需要移动百分表及表座时,先用手稳住表座,关闭磁性开关,双手推动表座平缓地在检测平板上移动。

(9)检测结束后,清洁百分表并放入盒内保存(不能上油)。

五、练一练

(1)分别用游标卡尺、外径千分尺测量实习指导教师指定的工件尺寸。

(2)在教师指导下完成内径百分表(量缸表)的安装。

项目二 划 线

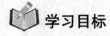

学习目标

完成本项目学习后,你应能达到以下目标:
1. 知识目标
(1)能描述划线的定义。
(2)知道划线的种类及常用划线工具的种类和用途。
2. 技能目标
(1)根据图纸,能写出划线工艺步骤。
(2)能正确使用划线工具,能进行一般划线和简单立体划线。
(3)划线操作能达到线条清晰,粗细均匀。

建议学时

6 学时。

课题一 认 识 划 线

划线是零件加工过程中的第一道重要工序,广泛地应用于单件和小批量生产。划线是指根据图样或实物的尺寸要求,用划线工具准确地在毛坯或半成品工件表面上划出待加工部位的加工界线的操作。通过划线可以确定工件上各加工面的加工位置和加工余量;能全面检查毛坯的形状和尺寸是否合乎图纸要求,能否满足加工要求;对半成品划线能对前道工序起检查作用,并能防止不合格毛坯投入后续加工;在坯料上出现某些缺陷的情况下,可通过划线时的"借料"来补救,使材料合理使用。因此,划线是钳工必须掌握的一项基本操作技能。

一、划线种类

划线分为平面划线和立体划线两种。在工件或毛坯的一个平面上划线,称为平面划线,如图 2-1 所示。在工件或毛坯的长、宽、高三个互相垂直的平面上或其他倾斜方向上划线,称为立体划线,如图 2-2 所示。

二、划线工具及使用方法

1. 划线平台

划线平台又称划线平板,如图 2-3 所示。由铸铁制成,工作表面经过了精刨或刮削加工,可用作划线时的基准平面,同时用来支承工件和划线工具。放置时应使平台工作表面处于水平状态。

使用注意要点:平台工作表面应经常保持清洁;工件和工具在平台上都要轻拿、轻放,不可损伤其工作面;用后要擦拭干净,并涂上机油防锈。

图 2-1　平面划线　　　　　　图 2-2　立体划线

2. 划针

划针是用来在毛坯或工件上进行划线的工具,如图 2-4a)所示。在已加工表面上划线时,常使用直径为 3~6mm,长约 200~300mm 的弹簧钢或高速钢制成的划针,尖端磨成 15°~20°的尖角,并经淬火使之硬化。有的划针在尖端部位焊有硬质合金,在铸件、锻件等毛坯表面上划线时,常用尖部焊有硬质合金的划针。

使用方法:划线时针尖要保持尖锐,且划针要紧靠导向工具的边缘,上部向外侧倾斜 15°~20°,向划线方向倾斜约 45°~75°,如图 2-4b)所示。

图 2-3　划线平台　　　　　　图 2-4　划针及使用
　　　　　　　　　　　　　　a)划针;b)划针使用方法

划针使用注意事项:

(1)划线要尽量做到一次划成,使划出的线条既清晰又准确。

(2)不用时,划针不能插在衣袋中,最好套上塑料管不使针尖外露。

3. 划线盘

划线盘用来在划线平台上对工件进行划线或找正工件的加工位置。划针的直头端用来划线,弯头端常用于对工件加工位置的找正。调节划针高度,在平板上移动划线盘,即可在工件上划出与平板平行的线,如图 2-5 所示。有普通划线盘和可调划线盘两种类型。

使用方法:划线时划针要尽量处于水平位置,倾斜不要太大;划针伸出部分应尽量短些,并要牢固地夹紧,以避免划线时产生振动和尺寸变动;在划线过程中底座要始终与划线平台平面贴紧;划针与工件的划线表面之间沿划线方向保持一定角度,以减小划线阻力,防止针尖扎入工件表面;划线盘用完后应使划针处于直立状态,保证安全,减少所占的空间。

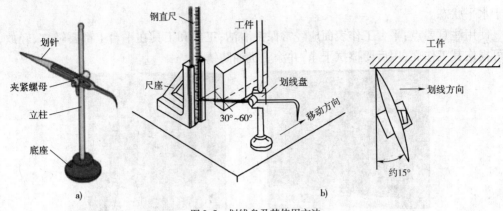

图 2-5 划线盘及其使用方法
a) 划线盘结构；b) 划线盘划线方法

4. 划规

划规是用于划圆和圆弧、等分线段、等分角度和量取尺寸的工具。一般用中碳钢或工具钢制成，两脚尖端淬硬并刃磨，或在两脚端部焊有一段硬质合金。结构类型如图 2-6 所示。划规应用如图 2-7 所示。

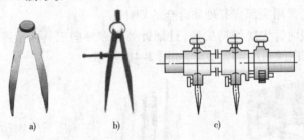

图 2-6 划规
a) 普通划规；b) 弹簧划规；c) 大尺寸划规

划规使用及注意事项：

(1) 划规脚应保持尖锐，以保证划出清晰的线条。

(2) 用划规划圆时，作为旋转中心的一脚应加较大的压力，另一脚以较轻的压力在工件表面上划出圆或圆弧。

5. 划卡

划卡又称单脚规，用以确定轴及孔的中心位置，也可用来划平行线。确定轴或孔的中心时先划出四条圆弧线，再在四条圆弧线所围成的图样中心冲一个样冲点即为轴或孔的中心。划卡使用如图 2-8 所示。

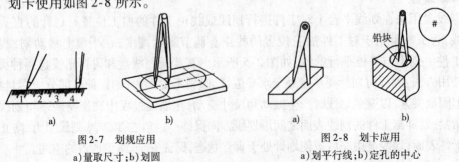

图 2-7 划规应用　　　　图 2-8 划卡应用
a) 量取尺寸；b) 划圆　　a) 划平行线；b) 定孔的中心

6. 高度游标尺

高度游标尺是精密工具,既可测量高度,又可用于半成品的精密划线,但不可对毛坯划线,以防损坏硬质合金划线脚。划线应用如图2-9所示。划线时,应使量爪垂直于工件表面并一次划出,而不能用量爪的两侧尖划线,以免侧尖磨损,降低划线精度。

7. 样冲

样冲又称中心冲,是用来在划好的线上冲小眼的工具。以保持清晰的划线标记。也可作圆和圆弧或钻孔定位中心。样冲由工具钢制成,其尖端一般磨成45°~60°,并要淬火处理。如图2-10所示。

图2-9 高度游标卡划线

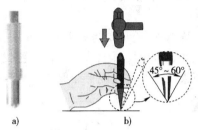

图2-10 样冲及使用方法
a) 样冲;b) 样冲使用

使用方法和注意事项:
(1) 冲眼时,样冲先外倾,冲尖对准线正中,然后再直立打冲眼。
(2) 冲眼位置准确,不偏离线条交点。
(3) 曲线上冲眼距离要近,圆周上最少有四个冲眼。
(4) 在交叉线条转折处有冲眼。
(5) 直线上冲眼距离可大些,但短直线上至少三个冲眼。
(6) 薄壁表面冲眼要浅,粗糙面上冲眼可深。

8. 方箱

方箱是用铸铁材料制成的正方体或长方体的划线支承工具,其六个面都经过精加工,相邻两面相互垂直,相对两面相互平行,工件支承面带有V形槽并附有装夹装置。划线时将工件夹装在V形槽上,翻转方箱可在一次装夹的情况下将工件相互垂直的线全部划出。还可用于零部件的平行度、垂直度的检验。结构如图2-11所示。

9. V形架

V形架又称V形铁,主要用于划线或检测作业中支承圆柱形工件,使工件轴线与平台平面平行,一般两块为一组。结构和使用如图2-12所示。

图2-11 方箱
a) 普通方箱;b) 磁性方箱

图2-12 V形架及使用方法
a) V形架;b) V形架使用方法

10. 划线千斤顶

划线千斤顶俗称顶针,如图2-13所示。主要用于支撑毛坯或形状不规则、较重的工件,一般三个为一组。高度可以调整,使工件的划线表面调整到符合划线要求的位置,进行找正、划线。

使用方法及注意事项:

(1)三个划线千斤顶的支撑点离工件的重心要尽量远,三个支撑点组成的三角形面积要尽量大,工件较重的一端放两个,较轻的一端放一个;

(2)工件的支撑点尽量不要选择在容易发生滑动的地方。

11. 角铁

角铁又称弯板,通常要与夹头配合使用,用来夹持需要划线的工件。它有两个互相垂直的平面。通过直角尺对工件的垂直位置找正后,再用划线盘或高度游标卡划线,可使所划线条与原来找正的直线或平面保持垂直。结构和使用方法如图2-14所示。

 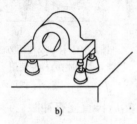  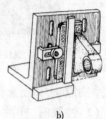

　　　a)　　　　　　　b)　　　　　　　　　　　　a)　　　　　　　b)

图2-13　千斤顶及使用方法　　　　　图2-14　角铁及使用方法
a)千斤顶;b)千斤顶使用方法　　　　　a)角铁;b)角铁使用方法

12. 直角尺

直角尺的两边呈精确的直角。在立体划线中划垂直线或找正垂直面。如图2-15所示。

13. 万能角度尺

万能角度尺又被称为角度规、游标角度尺和万能量角器,如图2-16所示。它是利用游标读数原理来直接测量工件角度或进行划线的一种角度量具。

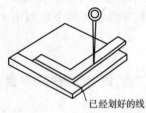 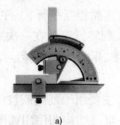 

　　　　　　　　　　　　　　　　　　　　a)　　　　　　b)

图2-15　直角尺应用　　　　　　图2-16　万能角度尺及使用方法
　　　　　　　　　　　　　　　　a)万能角度尺;b)万能角度尺使用

课题二　划线工艺

一、划线前的准备工作

(1)看懂图样,根据工艺要求明确划线部位。

(2)查看划线工件的形状、尺寸是否与图样和工艺要求相符,有无明显的外观缺陷。
(3)清理工件表面上的油污、氧化皮、飞边、毛刺等。
(4)在有孔的表面用木块或铅块塞住孔,以便确定圆心位置。
(5)合理选择涂料,在工件表面涂上涂料。

为了使零件表面划出的线条清晰,划线前在零件的表面上涂上一层薄而均匀的涂料,常用的涂料及应用见表2-1。

常用的涂料及应用　　　　　　　　　　表2-1

名　称	配　方	应　用
白灰水	稀糊状石灰水加适量骨胶或桃胶混合而成	铸铁件、锻件毛坯表面
蓝油	2%～4%龙胆紫、3%～5%虫胶漆和91%～95%酒精混合而成	已加工表面
硫酸铜溶液	100g水、1～1.5g硫酸铜及少量的硫酸混合而成	形状复杂的加工件表面

(6)根据划线需要选择划线工具,正确安放工件和划线工具。

二、划线工艺

(1)划线基准的选择。

所谓基准,就是工件上用来确定其他点、线、面的位置所依据的点、线、面。在划线时用来确定零件尺寸、几何形状及相对位置的点、线、面称划线基准;工件划线时,每个方向都需要选择一个基准,一般可以选重要孔的中心线或已加工面作划线基准。通常平面划线有两个方向的基准,立体划线有三个方向的基准。选择划线基准时一般应考虑以下原则:

①划线时以设计基准为划线基准。
②对于具有不加工表面的工件,一般选不加工表面为划线基准。
③选择重要表面为划线基准。
④选择加工量小的表面为划线基准。
⑤工件若已有加工表面时,应尽量选已加工表面为划线基准。

划线时基准的选择一般有以下三种类型(图2-17,图中尺寸单位为mm):

①以两条相互垂直的直线(或平面)作为基准。适用于具有方向互相垂直的两个尺寸的零件,且每个方向的尺寸都是依据外平面来确定。如图2-17a)所示。
②以两条中心线(或平面)作为基准。适用于工件上的尺寸以两个相互垂直或成一定角度的中心线(或平面)进行标注时,如图2-17b)所示。
③以一条直线(或平面)和一条对称中心线(或平面)作为基准。适用于高度方向的尺寸以底平面为基准,而宽度方向的尺寸与中心面相对称的工件。如图2-17c)所示。

(2)划线。

①先划出各方向的基准线,再按加工工艺要求划出重要的位置线,最后补全所有加工线。

②划出的线条清晰,尺寸准确,划线精度控制在 0.25~0.50mm 之间。

(3)对图形及划线尺寸进行复核和校准,检查划线部位的划线是否完整。

(4)在划好的加工线上打样冲眼。

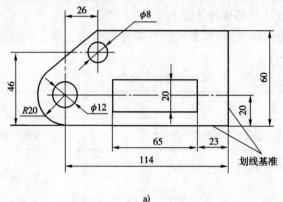

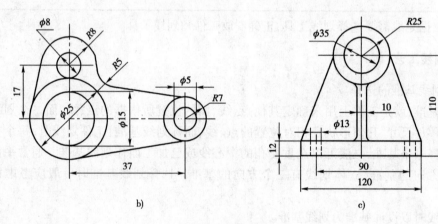

图 2-17 划线基准

三、划线实例

1. 平面划线

平面划线图样如图 2-18 所示。

划线过程:

(1)分析图样尺寸。

(2)准备所用划线工具,对工件进行清理,并在划线表面涂色。

(3)按图 2-18 所示,划连接盘的轮廓线:

①先划出两条相互垂直的中心线,作为基准线。

②以两中心线交点为圆心,分别作 $\phi20$、$\phi30$ 的圆线和上下两段 $R20$ 的圆弧线。

③以两中心线交点为圆心,作 $\phi60$ 点划线圆,与两基准线相交于 4 个点。

④分别以与基准线相交的 4 个点为圆心,作 4 个 $\phi8$ 圆。

⑤在图示水平基准线上分别以两个 $\phi8$ 圆的圆心为圆心,作 2 个 $\phi20$ 圆。

⑥作4条切线分别与两个R20圆弧线和φ20圆外切。
⑦在垂直位置上以φ8圆心为中心,作两个R10的圆弧线。
⑧用2×R40圆弧外切连接R10和2×φ20圆弧,用2×R30圆弧外切连接R10和2×φ20圆弧。

(4)对照图样检查无误后,打样冲眼。

2. 立体划线

立体划线图样如图2-19所示。

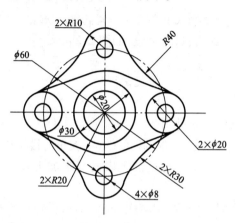
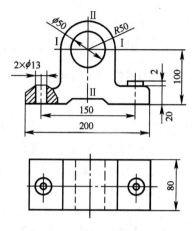

图2-18 连接盘零件图　　　　　图2-19 轴承座零件图

划线过程:
(1)分析图样尺寸。
(2)准备所用划线工具,对工件进行清理,并在划线表面涂色。
(3)用铅块或木块堵孔,以便确定孔的中心。
(4)牢固支承工件,以防滑倒或移动。
(5)根据孔中心及上平面调节千斤顶,使工件水平(找正)。如图2-20所示。
(6)划线。
①划底面加工线和轴承座孔的水平中心线,如图2-21所示。

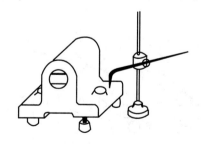
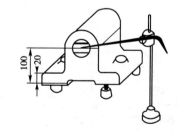

图2-20 工件找正　　　　图2-21 划底面加工线和轴承座孔的水平中心线

②翻转90°用直角尺找正,划轴承座孔的垂直中心线及螺钉孔中心线,如图2-22所示。
③再翻转90°,用直角尺两个方向找正,划螺钉孔另一方向的中心线及大端面加工线。如图2-23所示。

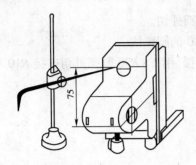 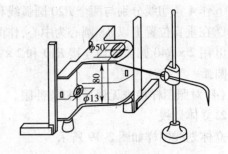

图 2-22　划轴承座孔垂直中心线及螺钉孔中心线　　图 2-23　划螺钉孔另一方向中心线及大端面加工线

④对照图样检查划线及所有尺寸,准确无误后,打样冲眼,如图 2-24 所示。

四、划线前的找正与借料

1. 找正

利用划线工具(如划线盘、直角尺、单脚规等)通过调节支承工具,使工件上有关的毛坯表面处于合适的位置。对于毛坯工件,划线前一般都要先做找正工作。找正的目的及方法:

(1)当毛坯上有不加工表面时,找正后再划线,可以使加工表面与不加工表面之间的尺寸保持均匀。

(2)当工件上有两个以上的不加工表面时,选择面积较大、较重要的或外观质量要求较高的表面为主要找正依据,并兼顾其他较次要的不加工表面。使划线后加工表面与不加工表面之间的尺寸(如壁厚、凸台的高低等)尽量均匀和符合要求,而把无法弥补的误差反映到较次要的或不甚明显的部位上去。

(3)当毛坯上没有不加工表面时,对各加工表面自身位置找正后再划线,使各加工表面的加工余量均匀。由于毛坯各表面的误差和工件结构形状不同,划线时的找正要按工件的实际情况进行。

找正实例:

如图 2-25 所示轴承座的毛坯底厚不均匀,以不加工的上表面为依据,用划线盘找正水平位置,然后划出底面加工线,这样,加工后的底座各处厚薄就比较均匀。

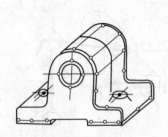 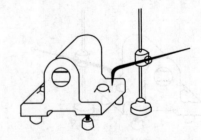

图 2-24　打样冲眼　　　　　　　　图 2-25　轴承座找正

2. 借料

当铸、锻件毛坯在形状、尺寸和位置上的误差缺陷,用找正后的划线方法不能补救时,就要用借料的方法来解决。借料就是当毛坯有较大的尺寸或形位误差时,通过试划线和调整,使各个加工面的加工余量合理分配、互相借用,从而保证各个加工表面都有足够的加工余量,而毛坯的误差和缺陷在加工后排除,使加工后的零件仍能符合要求。

毛坯借料的应用实例:

图2-26所示为内圆孔中心、外圆中心偏心量较大的圆环锻件毛坯借料划线。

当以外圆中心为基准划线时,则内孔部分余量不足,如图2-26b)所示;当以内圆孔中心为基准划线时外圆部分余量不足,如图2-26c)所示;而以内圆孔中心与外圆中心之间适当点为基准划线,可以使内孔及外圆均有足够的余量,如图2-26d)所示。

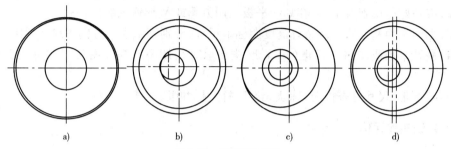

图2-26 毛坯借料划线

a)毛坯;b)以内圆孔中心划线;c)以外圆中心划线;d)借料划线

五、练一练

1. 按图2-27图样,完成平面划线。

1)工量具、材料准备

(1)工量具:钢直尺、90°直角尺、划规、划针、样冲、划线平板、手锤等。

(2)材料:120mm×80mm×2mm薄钢板、涂料。

2)方法步骤

(1)准备好所用划线工具。

(2)检查薄钢板的尺寸是否符合要求,对表面进行清理并在划线表面涂色。

(3)合理布置图样在薄钢板上的位置,划出基准线。

(4)按图样尺寸完成划线。

(5)对图形、尺寸复查校对,确认无误后打上样冲眼。

2. 图2-28所示为端面车削的45钢棒料,欲加工成截面为22mm×22mm的长方体工件,请用立体划线方法完成划线,划线误差为±0.5mm。

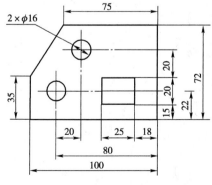

图2-27 平面划线图样

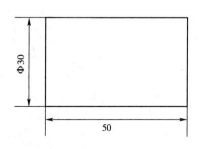

图2-28 立体划线坯料图

1)工量具、材料准备

(1)工量具:钢直尺、90°直角尺、划针、样冲、手锤、划线平板、方箱或V形铁、高度游标尺等。

(2)材料:Φ30mm×50mm的棒料、涂料。

2)方法步骤

(1)检查薄钢板的尺寸是否符合要求,对表面进行清理并在划线表面涂色。

(2)准备好所用划线工具,在划线平板上用方箱或V形铁夹装好棒料。

(3)划出端面基准线。调整好高度游标卡尺寸,分别划出水平方向的尺寸界限。

(4)翻转方箱或棒料并找正(用V形铁支承时),调整好高度游标卡尺寸,完成其余划线。

(5)对图形、尺寸复查校对,确认无误后打上样冲眼。

六、划线实作评价

划线实作评价见表2-2。

划线实作评价表　　表2-2

序号	项目与技术要求	配分	评分标准	评价记录	得分
1	正确选择工艺路线	10	每错一项扣2分		
2	工量具选用正确	5	每选错一样扣1分		
3	涂色薄且均匀	5	厚薄不均不得分		
4	基准选择准确	10	选择不当扣10分		
5	线条清晰	15	线条不清晰或有重线每处扣3分		
6	尺寸及线条位置偏差不大于±0.5mm	25	偏差±0.5mm每一处超差扣2分		
7	划线连接平滑	10	连接不光滑每处扣2分		
8	样冲眼分布均匀	10	分布不合理每一处扣2分		
9	安全文明生产	10	有人身、设备、工量具事故不得分		
	总分	100	总得分		

项目三 錾 削

学习目标

完成本项目学习后,你应能达到以下目标:
1. **知识目标**
(1)能叙述錾子和錾削的特点。
(2)正确掌握錾子和锤子的握法及锤击动作。
(3)知道錾削时的安全知识和文明生产要求。
2. **技能目标**
(1)掌握錾削的錾削姿势、动作、锤击要领,进行平面錾削,并达到一定的錾削精度。
(2)能分析錾削常见的质量问题及产生原因。

建议学时

12 学时。

课题一 认识錾削

錾削是用手锤锤击錾子对金属工件进行切削加工的一种操作,是钳工工作中一项较重要的基本操作。錾削主要用于不便于机械加工的工件表面的加工,去除铸、锻件和冲压件的毛刺、飞边,分割材料、錾油槽等。

一、錾削工具

錾削用的工具主要有錾子和手锤。

1. 錾子

錾子是錾削工件的刀具,用碳素工具钢(T7A 或 T8A)经锻打成形后再进行刃磨和热处理而成。钳工常用的錾子有扁錾、窄錾、油槽錾等,錾子的种类及用途见表 3-1。

錾子的种类及用途 表 3-1

名 称	图 示	特点及用途
扁錾(阔錾)		切削部分扁平、切削刃略带圆弧,常用于錾切平面,去除凸缘、毛边和分割材料
窄錾(狭錾、尖錾)		切削刃较短,切削部分的两个侧面从切削刃起向柄部逐渐变狭窄成锥形,主要用于錾槽和分割曲线形板料
油槽錾		切削刃短,并呈圆弧形或菱形,切削部分常做成弯曲形状,主要用于錾削润滑油槽

1)錾子结构

錾子结构由头部、柄部(錾身)及切削部分三个部分组成,结构如图3-1所示。长度约170mm左右,直径18~24mm。头部有一定的锥度,顶端略带球形,以便锤击时的作用力容易通过錾子中心线。錾身多呈八棱形,以防止錾子转动。

(1)錾子的切削部分结构及几何角度。

錾子的切削部分是錾切时的工作面,对錾切质量、效率起关键作用,由前刀面、后刀面以及它们的交线形成的切削刃组成,如图3-2所示。切削部分要求较高的硬度(大于工件材料的硬度)。

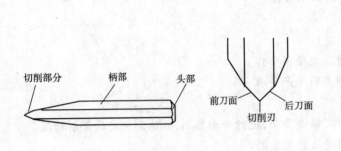

图3-1 錾子结构　　　　图3-2 錾子的几何角度

①前刀面:与切屑接触的表面称为前刀面。

②后刀面:与切削表面(由切削刃切削形成的表面)相接触的面称为后刀面。

③切削刃:前刀面与后刀面的交线称为切削刃。

(2)切削部分的几何角度。

①楔角 β_0:錾子前刀面与后刀面之间的夹角称为楔角。楔角大小对錾削有直接影响,楔角愈大,切削部分强度愈高,錾削阻力越大。所以选择楔角大小应在保证足够强度的情况下,尽量取小的数值。錾子几何角度选择见表3-2。

錾子几何角度选择　　　　表3-2

工件材料	β(楔角)	α(后角)	γ(前角)
工具钢、铸铁	60°~70°		
结构钢	50°~60°	5°~8°	90°−(β+α)
铜、铝、锡	30°~45°		

②后角 α_0:后刀面与切削平面之间的夹角称为后角。后角的作用是减少后刀面与切削平面之间的摩擦,使刀具容易切入材料。后角太大会使錾子切入太深,錾削困难,若后角太小錾子不易切入,容易滑出工件表面。在錾削平面时,常取后角值为5°~8°。后角对錾削的影响如图3-3所示。

③前角 γ_0:前刀面与基面之间的夹角。作用是錾切时,减小切屑的变形。前角愈大,錾切越省力。由于基面垂直于切削平面,存在 $\alpha_0+\beta_0+\gamma_0=90°$关系,当后角 α_0 一定时,前角 γ_0 的数值由楔角 β_0 的大小决定。

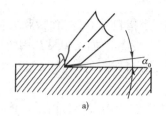 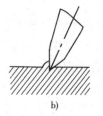 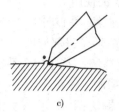

图 3-3 后角及其对錾削的影响
a)后角 α;b)后角过大;c)后角过小

2)錾子的刃磨和热处理

(1)刃磨。

錾子使用一段时间以后,常发生刃钝、卷边和切削刃崩口损坏等现象,因此要在砂轮上修理、磨锐。刃磨时,双手握住錾子,使切削刃高于通过砂轮中心的水平面并与砂轮外圆面接触;切削刃在砂轮全宽上平稳均匀地左右移动,如图 3-4 所示。磨削时压力不要过大,两面交替磨削,以保证磨出正确的楔角。刃磨过程中要经常蘸水冷却,以防退火。刃磨后的錾子要进行淬火和回火处理,使切削部分获得所需要的硬度和一定的韧性。

(2)錾子的热处理。

錾子热处理包括淬火和回火两个工序。热处理前先将錾子切削部分进行粗磨,以便在热处理过程中识别其表面颜色的变化。

①淬火。錾子淬火时可把切削部分约 20mm 长的一端均匀加热到 750～800℃（呈樱红色）,然后迅速取出垂直地浸入冷却液中冷却,浸入深度约为 5～8mm,如图 3-5 所示,并在水中缓慢移动,加速冷却,提高淬火硬度,使淬硬部分与不淬硬部分不至于有明显的界线,避免錾子在此线上断裂。

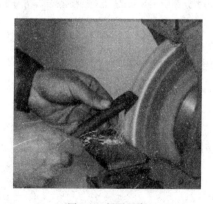 

图 3-4 錾子刃磨　　　　　图 3-5 錾子淬火

②回火。錾子的回火是利用本身的余热进行的。当淬火的錾子露出水面部分显黑色时,从水中取出,迅速用旧砂轮片擦去切削部分的氧化皮,利用上部的热量对切削部分自行回火,并观察錾子刃部的颜色变化。如果经淬火的錾子是加工硬材料,则刃口部分呈红黄色时立即将錾子全部放入水中冷却至常温;如果经淬火的錾子是加工较软材料时,则刃口部分呈紫红色与蓝色之间时立即将錾子全部放入水中冷却至常温。

3)錾子的使用

(1)正握法：手心向下,用中指、无名指握住錾子,小指自然合拢,食指和大拇指作自然伸直地松靠,錾子头部伸出约20mm,如图3-6a)所示。是錾削加工中最常用的握法。

(2)反握法：手心向上,手指自然捏住錾子,手掌悬空,如图3-6b)所示。适用于小的平面或侧面錾削。

(3)立握法：手心向下,手指自然捏住錾子,手掌悬空,如图3-6c)所示。适用于垂直錾切工件,如在铁砧上斩断材料。

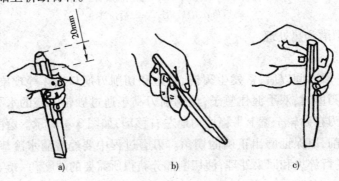

图3-6　錾子握法
a)正握；b)反握；c)立握

2.手锤

1)手锤结构

手锤由锤头、柄和楔子组装而成,如图3-7所示。锤头用T7钢制成,并经热处理淬硬。木柄用比较硬实的木材制成,常用的1kg手锤柄长约350mm。木柄装入锤孔后用楔子楔紧。手锤楔子是带倒刺的铁楔,避免使用中锤头脱出伤人。手锤在錾削加工中主要用于锤击錾子头部端面,以产生錾削剪切力。手锤的规格以锤头的重量来表示,常用的有0.25kg、0.5kg、1kg等3种。

图3-7　手锤结构

2)手锤使用

(1)握锤方法。

①紧握法：用右手五指紧握锤柄,大拇指合在食指上,虎口对准锤头方向(木柄椭圆的长轴方向),木柄尾端露出约15~30mm。在挥锤和锤击过程中,五指始终紧握,如图3-8a)所示。

②松握法：只用大拇指和食指始终握紧锤柄。在挥锤时,小指、无名指、中指则依次放松；在锤击时,又以相反的次序收拢握紧,如图3-8b)所示。这种握法的优点是手不易疲劳,且锤击力大。

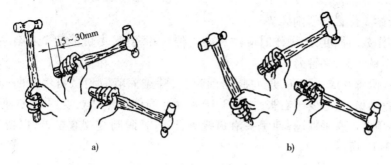

图 3-8 手锤握法
a) 紧握法；b) 松握法

（2）挥锤方法。

在錾削操作中，根据对加工工件锤击力量大小的要求不同，挥锤方法有腕挥、肘挥、臂挥，如图 3-9 所示。腕挥是仅用手腕的动作来进行锤击运动，采用紧握法握锤，一般仅用于錾削余量较少及錾削开始或结尾。肘挥是用手腕与肘部一起挥动作锤击运动，采用松握法握锤，因挥动幅度较大，锤击力大，应用最广。臂挥是手腕、肘和全臂一起挥动，其锤击力最大，用于需大力錾削的工件。

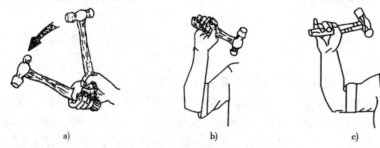

图 3-9 挥锤方法
a) 腕挥；b) 肘挥；c) 臂挥

（3）锤击速度。

錾削时的锤击要稳、准、狠，其动作要一下一下有节奏地进行，一般肘挥时约 40 次/min，腕挥 50 次/min。

二、錾削操作工艺

1. 錾削前的准备

（1）根据錾削工艺要求备齐錾削工量具：錾子、手锤、直角尺、游标卡尺、高度游标卡尺、划针、样冲、划线平台、V 形铁等。

（2）识读工件图，检查坯料，比对坯料尺寸是否满足工件加工要求。

（3）用划线工具在坯料上划出加工界线。

2. 錾削工艺

1）工件夹装

工件牢固地夹装在台钳正中央，錾削面伸出钳口高度一般在 10mm 为宜，工件与钳口间要加木衬垫或角钢衬垫，工件下面用木块垫实。

2)选择站立位置与錾削姿势

錾削操作劳动强度大,操作时应注意站立位置和姿势,尽可能使全身自然直立,面向工件,这样不易疲劳,又省力。

錾削时,两脚互成一定角度,左脚跨前半步,膝盖关节应稍微自然弯曲;右脚稍微朝后,右腿伸直站稳,重心偏于右脚,如图3-10所示。身体自然站立,左手握錾使其在工件上保持正确的角度。右手挥锤,使锤头沿弧线进行敲击,眼睛注视錾削处,以便观察錾削的情况,如图3-11所示。

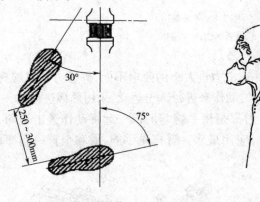

图3-10 錾削站位　　　　图3-11 錾削姿势

3)錾削操作

錾削操作过程一般分为起錾、錾削和錾出三个阶段。

(1)起錾:起錾时,一般从工件边缘尖角处开始,并使錾子从尖角处向下倾斜30°左右,即斜角起錾。由于切削刃与工件接触面小,阻力小,轻打錾子即可容易切入材料,如图3-12a)所示。当需要从工件的中间部位起錾时,錾子的切削刃要抵紧切削部位,錾子头部要向下倾斜使錾子与工件切削表面基本垂直,然后轻打錾子,也能轻易完成起錾,即正面起錾,如图3-12b)所示。

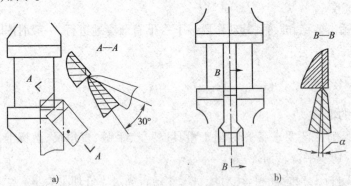

图3-12 起錾
a)斜角起錾;b)正面起錾

(2)錾削:錾削时,要保证錾子的正确位置和前进方向。粗錾时,后角要稍大点,但过大会使錾子切入工件太深,錾削表面粗糙;若后角过小,錾子切入工件太浅,易滑出,如图3-13a)所示。细錾时,由于切入深度较小,锤击力较轻,a角应稍大些,如图3-13b)所示。

錾削过程中,锤击力应均匀,锤击数次后,要将錾子退出一下,以便观察加工表面情况,也有利于錾子刃口散热。

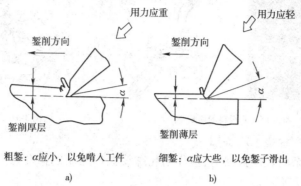

图 3-13 錾削方法
a) 粗錾;b) 细錾

（3）錾出:单面錾削至末端时（一般情况下錾削接近尽头约 10～15mm）,为防止工件边缘崩裂,将錾子调头,重新从末端端部起錾,錾去余下部分,如图 3-14 所示。这时手锤只用腕挥,轻轻锤击錾子,以免残块錾掉阻力突然消失时手及錾子冲出去,碰在工件上划破手。

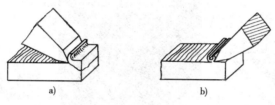

图 3-14 錾出
a) 末端錾削工件边缘崩裂;b) 錾子调头錾削

课题二 常用材料錾削加工

一、板料切断加工方法

用錾切的方法分割薄板料或薄板工件。常用的方法有:

1. 工件夹在台钳上錾切

将工件夹在装有角钢衬垫的台钳上,工件夹持牢固。錾切时,用阔錾斜对着板料（约成45°角）沿钳口自右向左錾切。阔錾只有部分刃口錾切,阻力小而容易分割,切面也比较平整,如图 3-15 所示。若正对着板料錾切,容易出现裂缝。

2. 在铁砧或平板上进行錾切

对尺寸较大、厚度在 4mm 以下的大型板材,不能在台钳上夹持时,应放在铁砧或平板上錾切,錾子要垂直于工件,从一面錾切,板料下面要加上垫铁,以免损坏錾子刃口,如图 3-16 所示。

 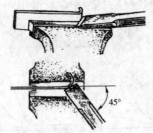 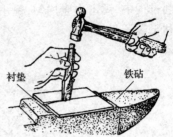

图3-15　薄板料的切断　　　　　　　　　图3-16　大型板料切断

3. 用密集钻孔配合錾子的錾切

当錾切形状复杂的较厚板材时,应先沿轮廓线钻出相切的排孔,然后再用宽錾或窄錾逐步錾切,如图3-17所示。

二、平面錾削方法

1. 錾削窄平面

用阔錾錾削工件上的窄平面时,切削刃与錾削方向倾斜一个角度,如图3-18所示,使切削刃与工件有较多的接触面。

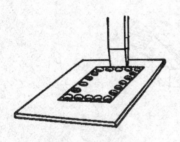  

图3-17　分割厚板材　　　　　　　　　图3-18　錾削窄平面的方法

2. 錾削宽平面

錾削较宽的平面时,一般先用窄錾在工件錾削面开平行槽,然后再用宽錾錾去剩余部分,如图3-19所示。

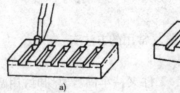 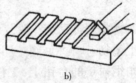

a)　　　　　　　　　b)

图3-19　錾削宽平面的方法
a)窄錾开槽;b)阔錾錾削

3. 平面錾削实例

将两端面经车削加工、尺寸为 $\phi 46mm \times 82mm$ 的45号钢圆柱材料,用錾削方法加工成图3-20所示的零件。

1)錾削前的准备

(1)识读零件图,检查坯料尺寸是否满足加工要求。

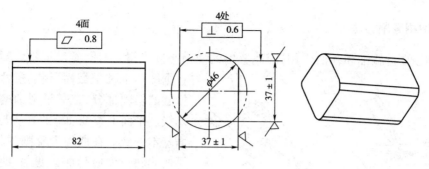

图 3-20 零件图

(2) 备齐划线工具,如直角尺、游标卡尺、高度游标卡尺、划针、样冲、手锤、划线平台、V形铁、涂料等。

(3) 根据錾削材料和工艺要求备齐錾削工具,如台钳桌、砂轮机、手锤、毛刷、阔錾等。

2) 工艺过程

(1) 以圆柱母线为基准划出高度41mm的第一个錾削加工平面线,按线錾削,达到平面度0.8mm的技术要求。

(2) 以第一个加工后的平面为基准,划出高度37mm的第二个錾削加工平面线,按线錾削,达到平面度误差0.8mm和尺寸公差±1mm的技术要求。

(3) 以第一加工面为基准,用直角尺在端面上划出距顶面母线4.5mm的第三个錾削加工平面线,按线錾削,达到平面度误差0.8mm和垂直度误差0.6mm的技术要求。

(4) 以第三个錾削加工面为基准,划出相距37mm的对面錾削加工平面线,按线錾削,达到平面度误差0.8mm、垂直度误差0.6mm和尺寸公差±1mm的技术要求。

(5) 去毛刺,检查錾削尺寸和精度。

4. 平面錾削质量问题及其产生原因分析

平面錾削质量问题及其产生原因见表3-3。

平面錾削质量问题及其产生原因　　　　表3-3

缺陷形式	产　生　原　因
表面粗糙	1. 錾子刃口爆裂或刃口卷刃不锋利 2. 冲击力不均匀 3. 錾子头部已锤平,使受力方向经常改变
錾削超越尺寸线	1. 工件装夹不牢 2. 起錾超线 3. 錾子方向掌握不正,偏斜越线
棱边、棱角崩塌	1. 錾削收尾未调头錾削 2. 錾子刃口后部宽于切削刃部 3. 錾削过程中錾子左右摇晃 4. 起錾量太多
錾削表面凸凹不平	1. 錾子刃口不锋利 2. 錾子举推不正,左右、上下摇晃 3. 錾削中后角变化造成錾面凸凹不平 4. 錾子刃磨时刃口不整齐 5. 錾削时未将錾子放正,刃口倾斜錾入工件表面

三、油槽錾削方法

油槽主要起输油和存油作用,因此錾出的油槽必须光滑,深浅、宽窄一致。錾削前先根据图样上油槽截面形状、尺寸刃磨油槽錾的切削部分,在需錾削油槽的部位划线。平面上錾削油槽的方法与錾削平面基本一致。在曲面上錾削油槽时,錾子的倾斜角度应随曲面变动,使后角保持不变。油槽錾好后,边上的毛刺应用刮刀或细锉刀修磨。油槽錾削如图3-21所示。

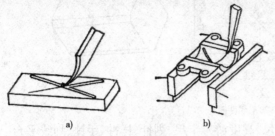

图 3-21　錾削油槽
a) 錾平面油槽；b) 錾曲面油槽

四、錾削安全注意事项

(1) 工作台上安装安全网,防止切屑飞溅伤人。

(2) 工件要夹装在台钳中央,伸出钳口高度适当(錾削平面时一般不大于15mm),夹装牢固,工件下用木块垫实。

(3) 手锤锤柄紧固,不能有松动。

(4) 錾子要经常刃磨,以免錾削时打滑。

(5) 錾子头部有毛刺或卷边时要磨掉,避免飞出伤人。

(6) 錾削飞边或毛刺时应戴防护镜。

(7) 錾屑要用毛刷刷掉,不得用手擦或用嘴吹。

(8) 手锤、錾子、工件表面不能有油污,以防滑脱。

(9) 錾削到距尽头 10～15mm 时,调头錾削余下部分。

五、练一练

1. 用钝口(未刃磨)的錾子在铸铁坯料上进行錾削基本功的练习。

2. 将 60mm×20mm×40mm 的 40 钢方板料按提供的图样划线,如图3-22所示。并用錾削加工的方法,去除四周多余材料,并留 0.5～0.8mm 的加工余量,为后续的锉削加工做准备。

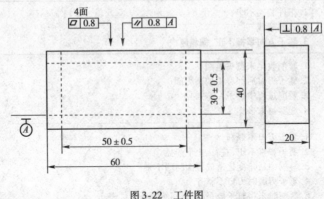

图 3-22　工件图

1）錾削前准备

(1) 识读零件图,检查坯料尺寸是否满足加工要求。

(2) 备齐划线工具,如直角尺、游标卡尺、高度游标卡尺、划针、样冲、手锤、划线平台、V形铁、涂料等。

(3) 根据錾削材料和工艺要求备齐錾削工具,如台钳桌、砂轮机、手锤、毛刷、阔錾等。

(4) 刃磨好錾子。

2）錾削加工工艺过程

(1) 划基准面加工线,錾削基准面 A,平面度误差达到 0.8mm 的技术要求。

(2) 划 A 面的对面平面加工线,錾削加工的平面度误差和平行度误差达到 0.8mm 的技术要求。

(3) 以 A 面为基准,用直角尺和划针划出垂直于 A 面相距 50mm 的两平面加工线,錾削加工的平面度误差、平行度误差和垂直度误差达到 0.8mm 的技术要求。

(4) 检查加工后工件的尺寸及加工精度。

六、錾削实作评价

錾削实作评价见表 3-4。

錾削实作评价表　　　　表 3-4

序号	项目与技术要求	配分	评分标准	评价记录	得分
1	工件夹持正确	5	工件夹装不紧、歪斜扣 3 分		
2	工量具放置正确、排列整齐	5	工量具放置凌乱扣 5 分		
3	站立位置、身体姿势正确、自然	10	站位、姿势错误扣 10 分		
4	握錾正确自然	10	握錾不正确扣 5 分		
5	錾削角度正确	10	不能根据加工余量、錾削材料性质控制錾削角度每处扣 5 分		
6	握锤、挥锤动作正确	10	握锤方法、挥锤动作不正确每处扣 5 分		
7	錾削时视线方向正确	10	錾削时不看錾切处扣 3 分		
8	锤击速度正确	5	锤击速度不正确扣 5 分		
9	锤击落点准确	10	锤击落点不准确扣 5 分		
10	錾削质量好	15	尺寸超允许公差扣 10 分,平面度、垂直度、平行度误差超允许范围每处扣 5 分		
11	安全文明生产	10	有工量具、设备和人身安全事故不得分		
	总分	100	总得分		

项目四 锯　　削

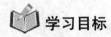 学习目标

完成本项目学习后,你应能达到以下目标:
1. 知识目标
(1)能叙述锯削加工的工艺特点。
(2)能根据工件的材质正确选用锯条。
(3)知道锯削安全知识和文明生产要求。
2. 技能目标
(1)能按正确的操作姿势、要领锯削各种材料,动作准确、协调,并能达到一定的锯削精度。
(2)会分析锯条折断、锯缝歪斜的原因,掌握防止锯条折断和锯缝歪斜的方法。

 建议学时

6 学时。

课题一 认识锯削

锯削是用手锯对工件或材料进行分割的一种切削加工方法,是钳工的一项基本操作。可用于分割各种原材料(图 4-1a)、锯除工件上多余部分(图 4-1b)和在工件上锯槽(图 4-1c)等。具有方便、简单和灵活的特点。但锯削精度低,常需进一步加工,如锉削、研磨等。

a)　　　　　　　　　b)　　　　　　　　　c)

图 4-1 锯削应用
a)分割材料;b)去除余料;c)工件上锯槽

一、锯削工具

钳工作业中常用的锯削工具主要有锯弓和锯条,进行锯削作业时将两者组装成一体使用,如图 4-2 所示。
1)锯弓
锯弓用于安装和张紧锯条,如图 4-2a)所示。有可调式和固定式两种类型,如图 4-3

所示。固定式只能安装一种长度锯条,锯条长度通常为300mm;可调节式锯弓的弓背伸缩,能够安装几种不同长度的锯条,因此应用最广。

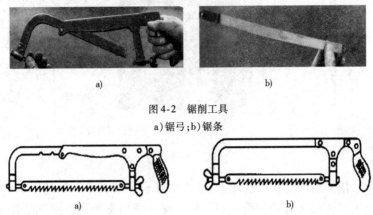

图 4-2　锯削工具
a)锯弓;b)锯条

图 4-3　锯弓类型
a)可调式;b)固定式

2)锯条

锯条是锯削时的切削工具,一般用渗碳软钢冷轧而成,也可以用经过热处理淬硬的优质碳素工具钢或合金钢制作。其规格参数以两端安装孔的中心距来表示,钳工常用的长度为300mm,如图4-2b)所示。

(1)锯条的规格是以两端安装孔的中心距来表示的。有150mm、200mm、300mm、400mm等。钳工最常用的锯条规格是300mm,其宽度为10～25mm,厚度为0.6～1.25mm。

(2)锯齿的角度。锯条的切削部分由许多均布的锯齿组成,常用的锯条后角 $\alpha_0 = 40°$、楔角 $\beta_0 = 50°$、前角 $\gamma_0 = 0°$,使切削部分具有足够的容屑空间,使锯齿具有一定的强度,如图4-4所示。

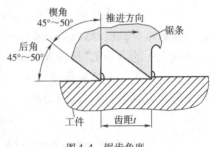

图 4-4　锯齿角度

(3)锯路。在制作锯条时,全部锯齿按一定规则左右错开,排成一定的形状,称为锯路。锯路有交叉形和波浪形等,如图4-5所示。

二、锯削工艺

1. 工前准备

(1)识读工件图。
(2)检查坯料,比对坯料尺寸是否满足工件加工要求。
(3)用划线工具在坯料上划出加工界线。
(4)备齐锯削工量具:锯弓、锯条、毛刷、润滑油、直角尺等。

2. 夹装工件

选择锯削顺序,将工件牢固地夹装到台钳上。锯缝在台钳左侧,以方便操作。工件的伸出端应尽量短,锯削线应尽量靠近钳口,离钳口侧面约15～20mm。为防止工件在锯削过程中产生振动,锯缝线与铅垂线方向应一致(垂直锯削时),如图4-6所示。

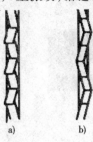

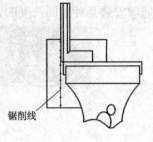

图4-5 锯路
a)交叉形;b)波浪形

图4-6 夹装工件

3. 选用锯条

选用锯条时,依据锯削材料的性质、厚度等选择合适的锯条。锯条锯齿有粗、中、细三种规格,它是以每英寸长度内的齿数来划分的。每种规格锯条有不同的适用范围,锯齿的粗细划分及应用见表4-1。

锯齿的粗细划分及应用　　　　　　　　表4-1

类别	每英寸长度内的齿数	应　用	特　征
粗	14~18	锯削软钢、黄铜、铝、紫铜、人造胶质材料及较大表面和厚材料	容屑槽大,防堵塞
中	22~24	锯削普通钢、铸铁、厚壁的钢管、铜管等	
细	32	锯削硬钢板及薄壁工件、薄片金属、薄壁管子等	锯齿密,锯削量小,容易切削

4. 安装锯条

手锯是在向前推进时实现切削的,安装锯条时,锯齿要朝前,如图4-7所示。安装时,先调整好弓背长度,然后将锯条前端的安装孔挂在固定夹头的弯钩上,再将后端安装孔挂在活动夹头的弯钩上,拧动蝶形螺母,调节锯条松紧度,同时检查锯条平面与锯弓平面方向是否一致。一般松紧程度以两手指的力旋紧。锯条太松或太紧在锯割过程中容易造成锯条断齿或锯条折断,锯缝歪斜。

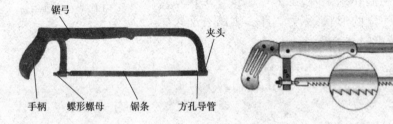

图4-7 锯条安装方向

5. 锯削

1)锯削站位

操作者站立在台钳左侧,左脚在前,与台钳中线约成30°角,右脚在后,与台钳中线约成75°角,两脚距离约300mm。身体与台钳中线约成45°角,如图4-8所示。锯削时右腿伸直,左腿弯曲,身体向前倾斜,重心落在左脚上,两脚站稳不动,靠左膝的屈伸使身体做往复摆动。

2) 握锯

正常锯削时,手锯常用右手满握锯弓手柄,左手轻扶锯弓前端,如图4-9所示。

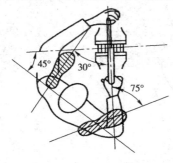

图4-8 锯削姿势

图4-9 握锯手法

3) 起锯

起锯是锯削工作的开始。起锯质量的好坏直接影响锯削质量。起锯时用左手拇指定位,以免锯条偏移,划伤工件。起锯方法有近起锯和远起锯两种类型,如图4-10所示。一般选用远起锯。起锯角度 α 一般不超过15°,锯条行程要短,速度要慢,推压力要小。

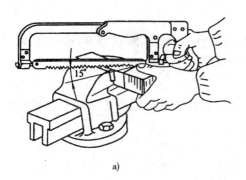

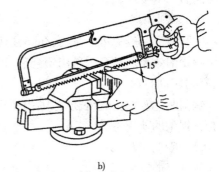

a)　　　　　　　　　　　　　　　b)

图4-10 起锯方法

a) 近起锯;b) 远起锯

4) 锯削姿势和锯削运动

(1) 锯削姿势

一个完整的锯削行程包括推锯和回程两个行程,推锯是切削行程,此时左手施加压力不要太大,主要起扶正锯弓的作用,推力和压力主要由右手控制,推进时身体略向前倾,左手上翘,右手下压。回程时不切削,右手微微抬起,左手自然跟回,如图4-11所示。

起锯时,身体稍向前倾,与竖直方向成10°角左右(图4-11a)。随着推锯的行程增大,身体逐渐向前倾斜,行程达1/3时,身体倾斜15°左右(图4-11b);行程达2/3时,身体倾斜18°角左右,左、右臂均向前伸出(图4-11c)。当锯削最后1/3行程时,用手腕推进锯弓,身体随着锯的反作用力退回到15°角位置(图4-11d)。锯削行程结束后,取消压力,将手和身体都退回到最初位置。锯削过程中眼睛要看锯缝,锯缝偏离锯削线时应及时修正。避免锯缝歪斜后再强行修正而导致锯条断裂,且影响锯削质量。

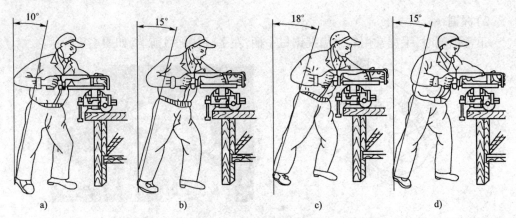

图 4-11 锯削姿势
a)起锯时;b)锯削 1/3 行程;c)锯削 2/3 行程;d)回锯

(2) 锯削压力

锯削压力应根据所锯工件材料的性质来定。锯削硬材料时,压力应大些,压力太小,锯齿不易切入,可能打滑,并使锯齿钝化;锯软材料时,压力应小些,压力太大会使锯齿切入过深而产生咬住现象。

(3) 锯削速度

锯削速度一般为 20~40 次/min,速度过快,易使锯条发热,磨损加重;速度过慢,又直接影响锯削效率。必要时可用切削液对锯条冷却润滑。

(4) 锯削行程

锯削时,应尽量在全长度范围内使用。一般应使锯条的行程不小于锯条长度的 2/3,以延长锯条的使用寿命。

(5) 锯弓运动

锯削时的锯弓运动形式有两种:一种是直线运动,适用于锯薄形工件和直槽;另一种是摆动,即在前进时,右手下压而左手上提,操作自然省力。锯断材料时,一般采用摆动式运动,锯弓前进时一般要施加一定的压力,而后拉时不加压力。

课题二　常见材料锯削加工

一、常见材料锯削加工方法

1. 扁钢锯削

锯削扁钢时从扁钢较宽的面下锯,如图 4-12 所示,这样可使锯缝较浅而整齐,锯条不致卡住。为了能准确地切入所需的位置,避免锯条在工件表面打滑,起锯时,要保持小于 15°的起锯角,并用左手的大拇指挡住锯条,往复行程要短,压力要轻,速度要慢。

2. 圆棒锯削

圆棒锯割有两种方法:一种是沿着直径从上至下锯割,断面质量较好,但较费力,如图 4-13 所示。另一种是锯下一段截面后转一角度再锯割,这样可避免通过圆棒直径锯割,减少阻力,效率高,但断面质量一般较差。

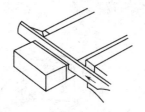

图4-12 扁钢锯削

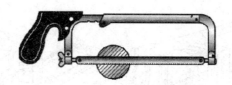

图4-13 圆棒锯削

3. 圆管锯削

圆管夹装时夹装过紧容易变形,夹装过松又容易松动,为防止管子在锯削时松动和夹扁管子或夹坏表面,应将薄管夹在两块木块制成的V形槽垫块或弧形槽垫块里,如图4-14所示。锯割过程中,当锯到管壁即将被锯透时,把管子向推锯方向转过一角度再起锯(转位锯削),如图4-15所示。如此逐次进行直至锯断。不能从一个方向锯到底,否则锯齿容易崩裂。

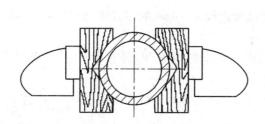

图4-14 管子夹装方法

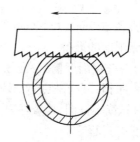

图4-15 转位锯削

4. 薄板锯削

锯削薄板时,为了防止工件产生振动和变形,用木板夹住薄板两侧进行垂直锯削(图4-16a),以防卡住锯齿,损坏锯条。或将薄板料夹在台钳上,用手锯作横向斜推(图4-16b),就能使同时参与锯削的齿数增加,避免锯齿被钩住,同时能增加工件的刚性。

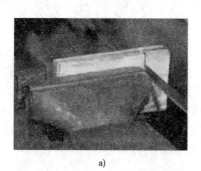
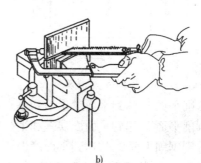

a) b)

图4-16 薄板锯削方法
a)垂直锯削;b)横向斜推锯削

5. 深缝锯削

锯缝的深度超过锯弓高度的缝为深缝,深缝锯削如图4-17所示。锯削过程中,当锯弓快要碰到工件时,将锯条拆出并转90°重新安装(图4-17b),或把锯条的锯齿朝着锯弓背(锯条转过180°,图4-17c)进行锯削,使锯弓背不与工件相碰。

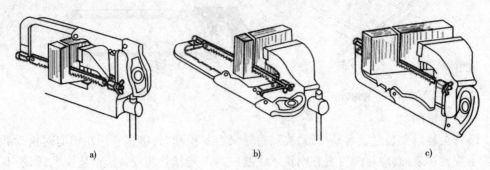

图4-17 深缝锯削方法
a)正常锯削;b)锯条转90°安装锯削;c)锯条转180°安装锯削

二、锯削实例

将直径φ35mm,长50mm的圆钢锯削成边长为30mm的四方体,如图4-18所示。

1. 锯削前的准备

(1)备齐锯削工量具:锯弓、锯条、毛刷、润滑油、直角尺、游标卡尺、高度游标卡尺、划针、样冲、手锤、划线平台、V形铁、涂料等。

(2)识读工件图,检查坯料,比对坯料尺寸是否满足工件加工要求。

2. 工艺过程

(1)检查备料尺寸并划出平面加工线30×30mm尺寸线和加工面1、2、3、4,如图4-19所示。

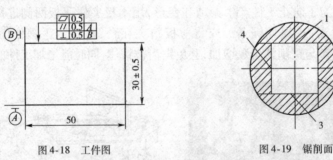

图4-18 工件图 　　图4-19 锯削面

(2)锯削平面1,达到平面度误差和垂直度误差0.5mm的技术要求。

(3)锯削平面3,达到平面度误差和平行度误差0.5mm的技术要求。

(4)分别锯削平面2、4,达到平面度误差0.5mm的技术要求。

(5)去毛刺,检查锯削尺寸和精度。

3. 锯削安全注意事项

(1)锯削时,必须注意工件的夹持及锯条的安装是否正确。

(2)控制锯削速度,速度过快,容易使锯条很快磨钝。

(3)要经常注意锯缝的平直情况,发现锯缝不平直就要及时纠正,否则不能保证锯割的质量。

(4)在锯削钢件时,可加些机油,起到冷却锯条、提高锯条使用寿命的作用。

(5)锯削完毕,应将锯弓上的张紧螺母适当放松。

(6)划线时要注意锯条宽度对尺寸的影响。

(7)工件即将锯断时,施加在手锯上的压力要轻,以防工件突然断开砸伤脚。

三、锯削质量评估及原因分析

锯削时常见的质量问题及预防措施见表4-2。

锯削时常见的质量问题及其产生的原因和预防措施　　　　　　　　　表4-2

质量问题	主要原因	预防措施
锯缝歪斜	1)工件安装歪斜 2)锯条安装太松或锯弓平面产生扭曲 3)使用两端磨损不均匀的锯条 4)锯削时压力过大,锯条左右偏摆 5)目测不及时 6)锯弓未扶正或用力歪斜	1)正确夹装工件 2)正确安装和调整锯条 3)及时更换磨损的锯条 4)控制好锯削压力 5)锯削过程中应及时检查和修正锯缝方向 6)正确使用手锯
锯条折断	1)工件夹持不牢,锯削时工件松动 2)锯条装得过松或过紧 3)锯削用力过大或用力突然偏离锯缝方向 4)锯缝产生歪斜后强行纠正 5)新换锯条在原锯缝中卡住拉断 6)工件锯断时操作不当,使锯条与台钳相撞	1)夹紧工件 2)正确安装锯条,松紧适当 3)压力控制适当 4)扶正锯弓,按划线轻加压力锯削直到找正 5)调换锯条后,调头锯削 6)调整工件与台钳距离、清理工作台面
锯齿崩裂	1)锯条选择不当 2)起锯角度太大 3)锯齿摆动过大或速度过快,锯齿受猛烈撞击 4)工件有砂眼、杂质等缺陷	1)正确选用锯条 2)正确选用起锯方法及角度 3)正确运用锯削方法 4)碰到砂眼、杂质减小压力
锯齿磨损快	1)锯削速度过快 2)工件材料过硬 3)没有用冷却液	1)减慢运锯速度 2)对工件进行退火处理 3)及时加冷却润滑液

四、练一练

1. 先用边角废料进行锯削练习,掌握锯削的基本方法。

2. 在 100mm×80mm×8mm 的钢板料上按如图4-20所示尺寸要求锯出锯割线。

1)锯削前的准备

(1)备齐锯削工量具:锯弓、锯条、毛刷、润滑油、直角尺、游标卡尺、高度游标卡尺、划

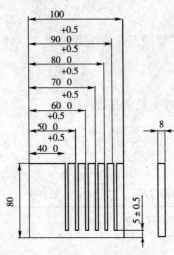

图 4-20 工件图样

针、样冲、手锤、划线平台、V形铁等。

(2)识读工件图,检查坯料,比对坯料尺寸是否满足工件加工要求。

(3)选择划线工具划出锯削加工界线。

2)锯削步骤

(1)选择和安装好锯条。

(2)选择夹持方法,夹装好工件。

(3)选择锯削顺序,按线锯削。

(4)检查锯削质量。

五、锯削加工实作评价

锯削加工实作评价见表4-3。

锯削加工实作评价表   表4-3

序号	项目技术要求	配分	评分标准	评价记录	得分
1	锯条选用正确	10	选用不当扣5分		
2	工件夹持正确	10	夹装不正确扣5分		
3	锯削姿势自然	20	姿势不正确扣5分		
4	锯削操作方法正确	20	方法不正确一次扣5分		
5	锯缝平直	10	锯缝歪斜一处扣3分		
6	锯面光滑	10	锯缝不光滑一处扣3分		
7	加工尺寸准确	10	尺寸误差超公差范围每条锯缝扣3分。		
8	安全文明生产	10	锯条断一次扣5分;有其他设备和身安全事故不得分		
	总分	100	总得分		

项目五 锉 削

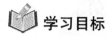 学习目标

完成本项目学习后,你应能达到以下目标:
1. 知识目标
(1)能叙述锉削加工的工艺特点。
(2)能根据工件加工的技术要求,正确选用锉刀。
(3)知道锉削安全知识和文明生产要求。
2. 技能目标
(1)能按正确的锉削操作姿势、要领锉削各种材料,动作准确、协调,并能达到一定的锉削精度。
(2)会分析产生锉削废品的原因。

 建议学时

6 学时。

课题一 认识锉削

用锉刀对工件表面进行切削加工,使工件达到所要求的尺寸、形状和表面粗糙度的操作称为锉削。锉削是现代工业生产中不可缺少的手工操作,某些工件的表面(如样板的成形面、模具的型腔等)在机械上不易加工,或机械加工麻烦、不经济,或能加工但达不到精度要求时常用锉刀来加工,或在錾削、锯割以后,以及在部件、机器装配时用来修整工件。虽然锉削劳动强度大、效率不高,但仍然是钳工的主要操作之一。

一、锉削工具

锉削用的工具主要是锉刀。锉刀用高碳钢工具 T12、T13 或 T12A、T13A 制成,经热处理后切削部分硬度达到 62～72HRC。

1. 锉刀构造
1)锉刀由锉身和锉柄两部分组成,锉身部分制有锉纹,用于切削,锉舌用来安装柄。锉刀结构及各部分名称如图 5-1 所示。
2)锉刀齿纹
锉刀齿纹有单齿纹和双齿纹两种,如图 5-2 所示。

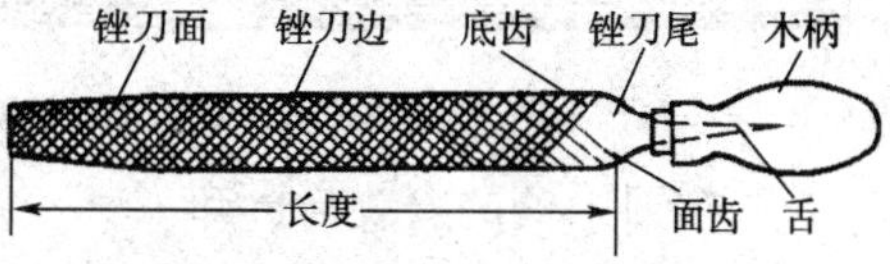

图 5-1 锉刀结构

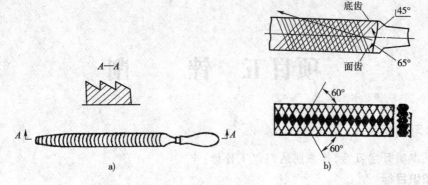

图 5-2 锉刀齿纹
a)单齿纹;b)双齿纹

2.锉刀的种类

锉刀分普通锉、整形锉(什锦锉)、特种锉三类。

1)普通锉

按断面形状不同分为五种,即平锉、方锉、半圆锉、三角锉、圆锉,如图5-3所示。

图 5-3 普通锉刀及其断面形状
a)齐头扁锉;b)方锉;c)半圆锉;d)三角锉;e)圆锉

2)整形锉

用于修整工件上的细小部位,如图5-4所示。

3)特种锉

用于加工特种表面,种类较多,如棱形锉,如图5-5所示。

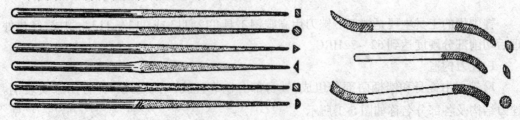

图 5-4 整形锉刀及其断面形状　　　图 5-5 特种锉及其断面形状

3.锉刀手柄的安装与拆卸

锉刀必须安装手柄后才能使用,安装手柄时用左手扶柄、右手将锉舌插入锉刀柄内,再用右手将锉刀手柄的端面垂直在钳台上轻轻撞紧。或用左手握锉身、右手用手锤敲击手柄的端面。拆时将柄搁在钳口上轻轻撞出来。如图5-6所示。

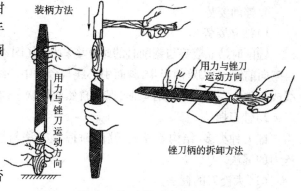

图5-6 锉刀手柄的安装与拆卸

二、锉削工艺

1．工前准备

（1）识读工件图。

（2）检查坯料，比对坯料尺寸是否满足工件加工要求。

（3）用划线工具在坯料上划出加工界线。

（4）备齐锉削加工工量具：锉刀、毛刷、直角尺、刀口尺、游标卡等。

2．选择锉刀

1）选择锉刀的规格

为保证锉削效率，合理使用锉刀，应根据加工表面的形状和大小及加工余量的大小选择锉刀的规格。一般，大表面和大的加工余量宜用长锉刀；锉削小型工件用短锉刀；锉内曲面用半圆锉；锉燕尾槽用三角锉等。

2）选择锉齿的粗细

根据工件的加工余量、尺寸精度、表面粗糙度和材质选择锉齿的粗细。加工余量大、加工精度低、表面粗糙度大、材质软的工件选择粗齿锉。加工余量小、加工精度高、表面粗糙度小的工件选择细齿锉；光锉用于最后修光工件表面。按加工精度选择锉刀见表5-1。

按加工精度选择锉刀　　　　表5-1

锉刀规格	适用场合		
	加工余量(mm)	加工余量(mm)	加工余量(mm)
粗锉	0.5～1	0.5～1.0	0.5～1.0
中锉	0.2～0.5	0.2～0.5	0.2～0.5
细锉	0.05～0.2	0.05～0.2	0.05～0.2

3．夹装工件

选择锉削顺序，将工件牢固地夹装到台钳的中央。工件凸出钳口部分约10mm以内。夹装已加工面和精密工件时，在钳口应衬以较软材料的钳口衬（一般用铝或紫铜制成），以免夹坏已加工表面。夹装薄板、异型工件时加辅助装夹工具。如图5-7所示。

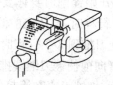 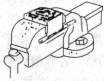 

图5-7 夹装工件

4. 锉削姿势

1）站立姿势

锉削时站立姿势与锯削时的站立姿势相同（图4-8）。身体与台钳中心线大致成45°角，且略向前倾，左脚跨前半步，脚面中心线与台钳中心线成30°角，右脚脚面中心线与台钳中心线成75°角，左膝盖处稍有弯曲，保持自然放松状态，右脚要站稳伸直，不要过于用力。

2）锉刀握法

锉刀种类多，结构差异大，锉削时握锉方法与锉刀类型和规格相关，本节仅介绍常用锉刀的握法。

（1）大锉刀的握法。

用右手握着锉刀柄，柄端顶在拇指根部的手掌上，大拇指放在锉刀柄上，其余的手指由下而上的握着锉刀柄。左手的握法有三种：左手掌斜放在锉刀上方，拇指根部肌肉轻压在锉刀的刀尖上，中指和无名指抵住梢部右下方；或左手掌斜放在锉刀梢部，大拇指自然伸出，其余各指自然蜷曲，小指、无名指、中指抵住锉刀的前下方；或左手掌斜放在锉刀梢上，其余各指自然平放。如图5-8所示。

（2）中小型锉刀的握法。

右手的握法与大锉刀的握法一样，左手只需用大拇指和食指轻轻的扶持，如图5-9a)所示。较小锉刀的握法，右手的食指放在锉刀柄的侧面，为了避免锉刀弯曲，用左手的几个手指压在锉刀的中部，如图5-9b)所示。整形锉刀的握法，它只需用一只手握住，食指放在上面，如图5-9c)所示。

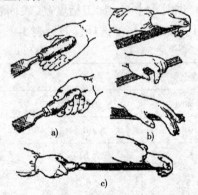

图5-8 大锉刀的握法
a)右手握锉法;b)左手握锉法;c)握锉手势

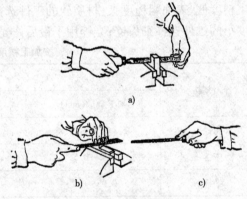

图5-9 中小锉刀的握法
a)中小型锉刀握法;b)小型锉刀握法;c)整型锉刀握法

3）锉削姿势

锉削姿势如图5-10所示。锉削时，两脚站稳不动，靠左膝的屈伸使身体做往复运动，手臂和身体的运动要互相配合，并要使锉刀的全长充分利用。开始锉削时身体要向前倾10°左右，左肘弯曲，右肘向后，如图5-10a)所示。锉刀推出1/3行程时，身体向前倾斜15°左右，这时左腿稍弯曲，左肘稍直，右臂向前推，如图5-10b)。锉刀推到2/3行程时身体逐渐倾斜到18°左右，如图5-10c)。左腿继续弯曲，左肘渐直，右臂向前使锉刀继续推进。身体随着锉刀的反作用退回到15°位置，如图5-10d)。行程结束后，把锉刀略微抬起，使身体与手回复到开始时的姿势，如此反复。

4）锉削力的运用

锉削时两手作用在锉刀上的力应保证锉刀平衡。在锉削过程中,两手用的力应随着锉刀与工件接触位置的变化而不断变化。开始锉出时,左手压力要大,右手压力要小而推力大,随着锉刀推进,左手压力逐渐减小,右手压力逐渐增大。当锉刀推到工件中间时,两手压力相同。再继续推进锉刀时,左手压力逐渐减小,右手压力逐渐增大,左手起着引导作用。锉刀回程时不加压力,以减少锉齿的磨损。

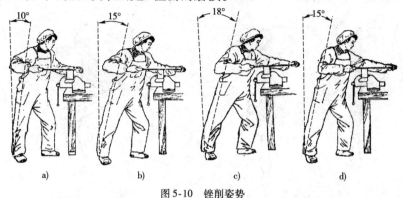

图 5-10　锉削姿势

a）起锉；b）锉刀推出 1/3 行程；c）锉刀推到 2/3 行程；d）回锉

5）锉削速度

锉削速度一般以 30～40 次/min 为宜,速度过快,易降低锉刀的使用寿命,同时也造成劳动强度加大,加工质量下降。

三、锉刀的正确使用和保养

（1）为防止锉刀过快的磨损,不要用锉刀锉削毛坯件的硬皮或工件的淬硬表面,而应先用其他工具或用锉刀的前端、边齿加工。

（2）锉削时应先用锉刀的一面,待这个面用钝后再用另外一面。因使用过的锉齿易锈蚀。

（3）锉削时要充分的利用锉刀的有效工作面,避免局部磨损。

（4）不能用锉刀作为装拆、敲击和撬物的工具,防止因锉刀材质较脆而折断。

（5）用整形锉和小锉时,用力不能太大,防止把锉刀折断。

（6）锉刀要防水防油。沾水后锉刀易生锈,沾油后锉刀在工作时易打滑。

（7）锉削过程中,若发现锉纹上嵌有切屑,要及时将其除去,以免切屑刮伤加工表面。锉刀用完后,要用锉刷或铜片顺着锉纹刷掉残留下的切屑,以防生锈。千万不能用嘴吹切屑,以防止切屑飞入眼内。

课题二　常见锉削加工

一、平面锉削

1. 平面的锉削方法

1）顺向锉

顺向锉是最基本的锉削方法,锉刀沿着工件表面横向或纵向移动,锉削平面可得到正

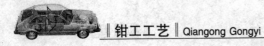

直的锉痕,比较整齐美观。适用于锉削小平面和最后修光工件,如图5-11所示。

2)交叉锉法

以交叉的两个方向顺序对工件进行锉削。交叉锉时锉刀与工件接触面较大,锉刀容易掌握得平稳,能从交叉的刀痕上判断出锉削面的凹凸情况。交叉锉法去屑较快,适用于平面的粗锉。锉削余量大时,一般可以在锉削的前阶段用交叉锉,以提高工作效率。当余量不多时,再改用顺锉使锉纹方向一致,得到较光滑的表面。如图5-11所示。

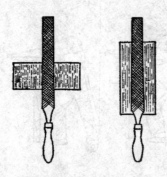

图5-11 顺向锉

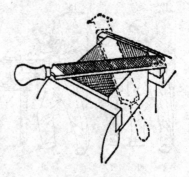

图5-12 交叉锉

3)推锉

当锉削狭长平面或采用顺向锉受阻时,可以采用推锉。推锉时的运动方向不是锉齿的切削方向,且不能充分发挥手的力量,故切削效率不高,只适合锉削余量小的场合,如图5-13所示。

2. 锉削平面的检验

在平面的锉削过程中或完工后,常用钢直尺或刀口形直尺,以透光法来检验其平面度。如果在直尺与平面间检查处透过来的光线微弱而均匀,表示已比较

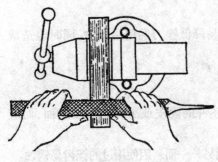

图5-13 推锉

平直,如果检查处透过来的光线强弱不一,则表示平面有高低不平。检查方法如图5-14所示。

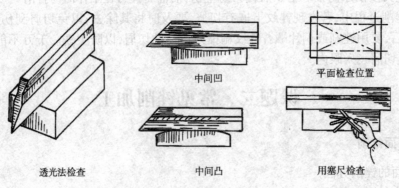

透光法检查   中间凹   平面检查位置

中间凸   用塞尺检查

图5-14 锉削平面检查方法

二、曲面锉削

1. 凸圆弧面的锉削

凸圆弧面的锉削方法如图 5-15 所示。

1) 顺向滚锉法

锉削时,锉刀需要同时完成两个运动,即锉刀的前进运动和锉刀绕工件圆弧中心的转动。锉削开始时,一般选用小锉纹号的扁锉。用左手将锉刀置于工件的左侧,右手握柄抬高,接着右手下压推进锉刀,左手随着上提且仍施加压力。如此往复,直到圆弧面基本成形。顺着圆弧锉能得到较光洁的圆弧面。

2) 横向滚锉法

锉刀的主要运动是沿着圆弧的轴线方向作直线运动,同时锉刀不断的沿着圆弧面摆动。用这种方法,锉削效率高,便于按照划线均匀地锉近弧线,但只能锉成近似弧面的多棱形面,故多用于圆弧面的粗锉。

2. 凹圆弧面的锉削

凹圆弧面的锉削方法如图 5-16 所示。

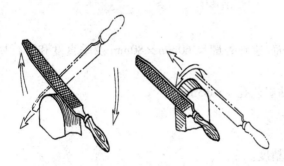

图 5-15 凸圆弧面的锉削方法

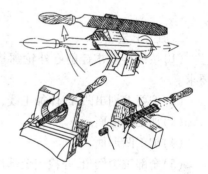

图 5-16 凹圆弧面的锉削方法

(1) 沿着轴向作前进运动,以保证沿轴向方向全程锉削。

(2) 向左或向右移动半个至一个锉刀直径,以避免加工表面出现棱角。

(3) 绕锉刀轴线旋转,若只有前面两个运动而没有后面这一转动,锉刀的工作面仍不是沿着工件圆弧的切线方向运动。

三、锉削加工实例

锉削凹凸体工件图样如图 5-17 所示。

1. 工前准备

(1) 识读工件图。

(2) 检查坯料,比对坯料尺寸是否满足工件加工要求。

(3) 备齐锉削加工工量具:锉刀、毛刷、直角尺、刀口尺、游标卡、台钻、钻头、台钳、锯条、锯弓、厚薄规、划针、样冲、手锤等。

(4) 用划线工具在坯料上划出加工界线。

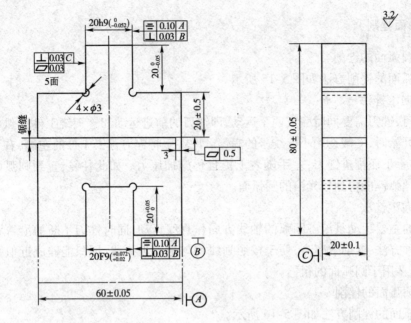

图 5-17 凹凸体工件图样

2. 加工工艺

(1) 按图样要求锉削好外轮廓基准面,达到外廓尺 60mm×80mm 及垂直度和平行度要求。

(2) 按要求划出凹、凸体加工线,并钻工艺孔 $4×\phi3$mm。

(3) 加工凸形面。

(4) 加工凹形面。

(5) 全部锐边倒角,并检查全部尺寸精度。

(6) 锯削,要求达到尺寸 57mm,锯面平面度 0.5mm,不能锯断,留有 3mm 不锯,最后修去锯口毛刺。

注意事项:

(1) 为了能对 20mm 凸、凹形的对称度进行测量控制,60mm 处的实际尺寸必须测量准确,并应取其各点实测值的平均数值。

(2) 20mm 凸形面加工时,只能先去掉一垂直角料,待加工至所要求的尺寸公差后,才能去掉另一垂直角料。

(3) 采用间接测量方法来控制工件的尺寸精度,必须控制好有关的工艺尺寸。

(4) 当工件不允许直接锉配,而要达到互配件的间隙要求,就必须认真控制凸、凹件的尺寸误差。

(5) 为达到配合后转位互换精度,在凸、凹形面加工时,必须控制垂直度误差在最小的范围内。

(6) 在加工垂直面时,要防止锉刀侧面碰坏另一垂直侧面,因此必须将锉刀一侧在砂轮上进行修磨,并使其夹角略小于 90°,刃磨后用油石磨光。

四、锉削时的废品分析及预防

锉削时的废品分析及预防见表 5-2。

锉削时的废品分析及预防　　　　　　表 5-2

废品形式	原　因	预防方法
工件夹坏	1. 台钳将加工过的表面夹出伤痕 2. 夹紧力太大,把空心件夹扁 3. 薄而大的工件没夹好,锉时变形	1. 夹紧精加工件时应加铜钳口 2. 夹紧力不要太大,夹薄管最好用两块弧形木垫 3. 夹薄而大的工件要用辅助工具
工件表面中凸	1. 操作技术不熟练,锉刀摇摆 2. 锉刀工作面中凹 3. 用力不当,使工件塌边或塌角	1. 掌握正确的锉削姿势,采用交叉锉法 2. 选用锉刀时要检查锉刀锉面,不能使用凹面锉刀 3. 用力要平衡,要经常测量、检查,随时校正
尺寸和形状不准确	1. 划线不对 2. 没有掌握每锉一次的锉削量而又不及时检查,超出尺寸界限	1. 检查图纸,正确划线,要仔细复查 2. 对每锉一次的锉削量要心中有数,锉削时注意力要集中,并经常检查
表面不光洁	1. 锉刀粗细选择不当 2. 粗锉时锉痕太深或细锉余量太少 3. 锉屑嵌在锉纹中未清除	1. 合理使用锉刀 2. 粗锉时应始终注意粗糙度,避免深痕出现,要有适当的余量留给细锉
锉掉了不该锉的部位	1. 没选用光边锉刀 2. 锉刀打滑把邻边平面锉伤	1. 锉削垂直面时应选用光边锉刀或锉刀边磨成光边 2. 锉削时要注意力集中,不要锉到邻边

五、锉削注意事项

（1）锉刀必须装柄使用,以免刺伤手腕。松动的锉刀柄应装紧后再用。

（2）不准用嘴吹锉屑,也不要用手清除锉屑。当锉刀堵塞后,应用钢丝刷顺着锉纹方向刷去锉屑。

（3）对铸件上的硬皮或粘砂、锻件上的飞边或毛刺等,应先用砂轮磨去,然后锉削；

（4）锉削时不准用手摸锉过的表面,防止手上有油污、再锉时打滑。

（5）锉刀不能作橇棒或敲击工件,防止锉刀折断伤人。

（6）放置锉刀时,不要使其露出工作台面,以防锉刀跌落伤脚；也不能把锉刀与锉刀叠放。

六、练一练

用锉削方法加工长方体,长方体工件图样如图 5-18 所示。

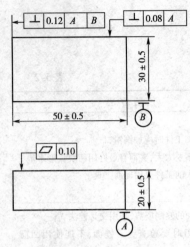

图 5-18 长方体工件图样

1. 技术要求:

(1) 50、30、20 三处尺寸,其最大与最小尺寸的差值不得大于 0.20mm。

(2) 各锐边倒角 0.5×45°。

2. 加工操作步骤

(1) 锉基准面 A,达到平面度要求。

(2) 确定加工顺序,结合划线对各面进行粗、精锉削加工,达到图样精度要求。

(3) 检查全部精度,并作必要的修整锉削,最后将锐边均匀倒角。

七、锉削实作评价

长方体锉削实作评价见表 5-3。

长方体锉削实作评价表　　　　　表 5-3

序号	项目与技术要求	配分	评分标准	评价记录	得分
1	握锉姿势正确	10	握锉姿势不正确扣 5 分		
2	站立和身体姿势正确	10	站立和身体姿势不正确,每项扣 5 分		
3	锉削动作自然协调	5	锉削动作不自然扣 5 分		
4	工量具摆放整齐	10	工量具摆放不整齐扣 5 分		
5	量具使用正确	10	量具使用不正确扣 5 分		
6	平面度误差在允许范围	15	平面度超差每处扣 3 分		
7	垂直度误差在允许范围	15	垂直度超差每处扣 3 分		
8	尺寸误差在允许范围	15	尺寸误差超差每处扣 3 分		
9	安全文明生产	10	有设备、工量具、人身安全事故不得分		
	总分	100	总得分		

项目六 刮 削

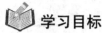

学习目标

完成本项目学习后,你应能达到以下目标:

1. 知识目标

(1)能叙述刮削加工的工艺特点。

(2)能根据工件加工的技术要求,正确选用刮刀。

(3)知道刮削安全知识和文明生产要求。

2. 技能目标

(1)能按正确的刮削操作姿势、要领刮削各种工作面,动作准确、协调,并能达到一定的刮削精度。

(2)能正确刃磨各种刮刀。

 建议学时

6 学时。

课题一 认 识 刮 削

用刮刀刮除工作表面薄层的加工方法称为刮削。通过刮削,加工后的工件表面由于多次反复地受到刮刀的推挤和压光作用,工件表面组织变得比原来紧密,得到较细的表面粗糙度。由于刮削所用的工具简单,且不受工件形状和位置以及设备条件的限制;同时,它还具有切削量小、切削力小、产生热量小、装夹变形小,能获得很高的形状位置精度、尺寸精度、接触精度以及较细的表面粗糙度等特点,在机械制造以及工具、量具制造或修理中,仍然是一种重要的手工精加工作业。

一、刮削原理

将工件与基准件(如标准平板、校准平尺或已加工过的配件)互相研合,通过显示剂显示出表面上的高点、次高点,然后用刮刀削掉高点、次高点。再互相研合,把又显示出的高点、次高点刮去。经反复多次研刮,从而使工件表面获得较高的几何形状精度和表面接触精度。

二、刮削工具

刮削工具主要有刮刀、校准工具和显示剂等。

1. 刮刀

刮刀是刮削工作中的主要工具,一般采用碳素工具钢 T10A、T12A 或弹性较好的滚动轴承钢 GCr15 锻制而成,经淬火和回火等热处理,使刀头硬度达到 60HRC 左右。当刮削硬度较高的工件表面时,刀头上可焊硬质合金。

根据不同的刮削表面,刮刀可分为平面刮刀和曲面刮刀两大类。

(1)平面刮刀。平面刮刀结构如图 6-1 所示。主要用来刮削平面,如平板、平面导轨、工作台等,也可用来刮削外曲面。按所刮表面精度要求不同,可分为粗刮刀、细刮刀和精刮刀 3 种。刮刀头部形状和角度,如图 6-2 所示。

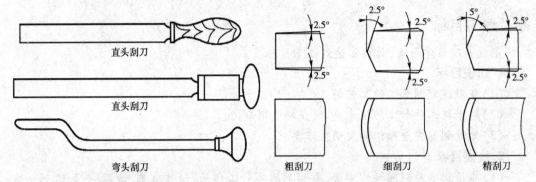

图 6-1 平面刮刀　　　　　　　　图 6-2 平面刮刀头部形状和角度

(2)曲面刮刀。曲面刮刀主要用来刮削内曲面,如滑动轴承内孔等。曲面刮刀有多种形状,常用的有三角刮刀、柳叶刮刀和蛇头刮刀等。三角刮刀的断面成三角形,它的三条尖棱就是 3 个成弧形的刀刃。在 3 个面上有 3 条凹槽,刃磨时既能含油又减小刃磨面积。如图 6-3 所示。

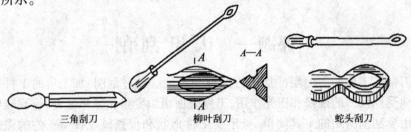

图 6-3 常用曲面刮刀

2. 校准工具

校准工具是用来研点和检查被刮面准确性的工具,也称研具。常用的校准工具有校准平板、校准直尺、角度直尺及根据被刮面形状设计制造的专用校准型板等,如图 6-4、图 6-5 和图 6-6 所示。

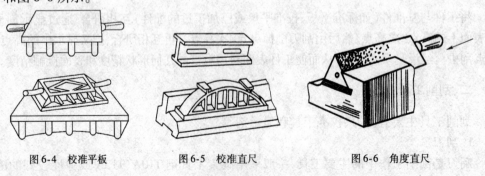

图 6-4 校准平板　　　图 6-5 校准直尺　　　图 6-6 角度直尺

3. 显示剂

工件和校准工具对研时,所加的涂料称显示剂,其作用是显示工件误差的位置和大小。

1) 显示剂的种类

（1）红丹粉：红丹粉分铅丹（氧化铅,呈橘红色）和铁丹（氧化铁,呈红褐色）两种,颗粒较细,用机油调和后使用,广泛用于钢和铸铁工件。

（2）蓝油：蓝油是用蓝粉和蓖麻油及适量机油调和而成的,呈深蓝色,其研点小而清楚,多用于精密工件和有色金属及其合金的工件。

2) 显示剂的用法

刮削时,显示剂涂在工件表面或涂在校准件上。显示剂涂在工件表面时,研点没有闪光,容易看清,适用于精刮时选用。显示剂涂在校准件上时,工件表面研点暗淡,不易看清,但切屑不易粘附刀刃上,刮削方便,适用于粗刮时选用。

在调制显示剂时要注意：粗刮时可调得稀些,这样在刀痕较多的工件表面上,便于涂抹,显示的研点也大；精刮时调得干些,涂抹要薄而均匀,这样显示的研点细小,否则,研点会模糊不清。

3) 显点方法

显点方法根据不同形状和刮削面积的大小应有所区别。平面与曲面的显点方法,如图 6-7 所示。

平面显点法　　　　　　　　　　　曲面显点法

图 6-7　平面与曲面的显点

（1）中小型工件的显点。一般是校准平板固定不动,工件被刮面在平板上推研。推研时压力要均匀,避免显示失真。如果工件被刮面小于平板面,推研时最好不超出平板；如果被刮面等于或稍大于平板面,允许工件超出平板,但超出部分应小于工件长度的 1/3,如图 6-8 所示。推研应在整个平板上进行,以防止平板局部磨损。

（2）大型工件的显点。将工件固定,平板在工件的被刮面上推研。推研时,平板超出工件被刮面的长度应小于平板长度的 1/5。对于面积大、刚性差的工件,平板的重量要尽可能减轻,必要时还要采取卸荷推研。

（3）形状不对称工件的显点。推研时在工件某个部位托或压,如图 6-9 所示,用力要适当、均匀。显点时还应注意,如果两次显点有矛盾,应分析原因,认真检查推研方法,小心处理。

三、刮削余量

刮削余量以能消除上道工序所残留的几何形状误差和切削痕迹为准,过多或过少都会造成浪费工时、增加劳动强度或达不到加工质量的要求。刮削余量一般为 0.05 ~

0.40mm,具体数值见表6-1或依据经验来确定。

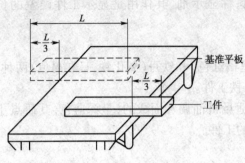
图6-8 工件在平板上显点

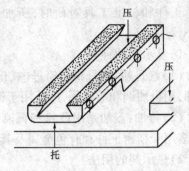
图6-9 形状不对称工件的显点

平面和孔的刮削余量(单位:mm)　　　　表6-1

平面的刮削余量					
平面宽度	平面长度				
	100~500	500~1000	1000~2000	2000~4000	4000~6000
100以下	0.10	0.15	0.20	0.25	0.30
100~500	0.15	0.20	0.25	0.30	0.40

孔的刮削余量			
孔径	孔的长度		
	100以下	100~200	200~300
80以下	0.05	0.08	0.12
80~180	0.10	0.15	0.25
180~360	0.15	0.20	0.35

四、刮削精度的检验

刮削精度包括尺寸精度、形位精度、接触精度、配合间隙及表面粗糙度等。常用25mm×25mm正方形方框内的研点数检验。各种平面接触精度研点数见表6-2;曲面刮削中,常见的滑动轴承的研点数见表6-3。

各种平面接触精度研点数　　　　表6-2

平面种类	每25mm×25mm内的研点数	应　用
一般平面	2~5	较粗糙机件的固定结合面
	>5~8	一般结合面
	>8~12	机器台面、一般基准面、机床导向面、密封结合面
	>12~16	机床导轨及导向面、工具基准面、量具接触面
精密平面	>16~20	精密机床导轨、直尺
	>20~25	1级平板、精密量具
超精密平面	>25	0级平板、高精度机床导轨、精密量具

注:表中1级平板、0级平板系指通用平板的精度等级。

滑动轴承的研点数　　　　　　　　　　　表 6-3

轴承直径(mm)	机床或精密机械主轴轴承			锻压设备和通用机械的轴承		动力机械和冶金设备的轴承	
	高精度	精密	普通	重要	普通	重要	普通
	每25mm×25mm 内的研点数						
≤120	25	20	16	12	8	8	5
>120	16	10	8	6	6	2	

大多数刮削平面还有平面度和直线度的要求,如工件平面大范围内的平面度、机床导轨面的直线度等,这些误差可以用框式水平仪检查。

课题二　典型工件刮削加工

一、刮削前的准备工作

1. 场地准备

刮削场地要清洁、平整,具有良好的采光条件,光线的亮度以不影响视力为宜。放置精密或重型工件的场地要坚实,以防工件倾斜。

2. 清理工件表面

清除工件表面的油污和杂质,去除工件上的飞边以防刮伤手指。

3. 安放工件

工件安放要平稳,尤其是安放重型或大型工件时,一定要选好支承点,保证放置平稳。刮削面位置的高度要以操作者的身高来确定,一般在操作者腰部比较适宜。刮削较小的工件时,应用台钳或其他方法将其夹持牢固后,再进行刮削。

二、刮削工艺

1. 平面刮削

1) 平面刮削的姿势

常用的平面刮削姿势有两种:挺刮法和手刮法。

(1) 挺刮法。将刮刀柄顶在小腹右下侧肌肉外,双手握住刀身,左手距刀刃 80mm 左右。刮削时,利用腿和臀部的力量将刮刀向前推进,双手对刮刀施加压力。在刮刀向前推进的瞬间,用右手引导刮刀前进的方向,随之左手立即将刮刀提起,这时刮刀便在工件表面上刮去一层金属,完成一次挺刮的动作,如图 6-10 所示。

挺刮法的特点是施用全身力量,协调动作,用力大,每刀刮削量大,所以适合大余量的刮削。其缺点是身体总处于弯曲状态,容易疲劳。

(2) 手刮法。右手握刮刀柄,左手四指向下弯曲握住刀身,距刀刃处 50mm 左右。刮刀与刮削面成 25°~30°夹角。同时,左脚向前跨一步,身子略向前倾,以增加左手压力,也便于看清刮刀前面的研点情况。刮削时,利用右臂和上身摆动向前推动刮刀,左手下压,同时引导刮刀方向,左手随着研点被刮削的同时,以刮刀的反弹作用迅速提起刀头,刀头提起高度约为 5~10mm,完成一次手刮动作,如图 6-11 所示。

这种刮削方法动作灵活、适应性强,可用于各种位置的刮削,对刮刀长度要求不太严格。但手刮法的推、压和提起动作,都是靠两手臂力量来完成的,因此要求操作者有较大臂力。

图6-10 挺刮法

图6-11 手刮法

2)平面刮削的步骤

平面刮削可分为粗刮、细刮、精刮和刮花等4个步骤进行。

(1)粗刮。粗刮是用粗刮刀在刮削面上均匀地铲去一层较厚的金属,使其很快去除刀痕、锈斑或过多的余量。当工件表面还留有较深的加工刀痕、工件表面严重生锈,或刮削余量较多(如0.2mm以上)时,都需要进行粗刮。

刮削时可采用长刮法,刮削的刀迹连成长片,在整个刮削面上要均匀地刮削。刮削的方向一般顺工件长度方向,当粗刮到每边长为25mm的正方形面积内有3~4个研点,且点分布均匀时结束。

(2)细刮。粗刮后的工件表面高低相差很大,显点少。细刮是刮去粗刮后高的接触点,以得到更多的接触点。细刮时刀痕的宽度在6mm左右,刮刀行程5~10mm。在刮削过程中,要按一定方向刮,每刮完一遍,要变换一下方向,以形成45°~60°的网纹。当刮到每25mm×25mm面积内有12~15个点时结束。

(3)精刮。使用小刮刀进行,刀痕宽度一般在4mm左右,刀的行程在5mm左右。精刮时用力大小要适当,刀刃必须保持锋利,每刀必须刮在点子上,点子越多刀痕要越小,力量要越轻。精刮后,一般应达到在25mm×25mm面积内有20~25个接触点。

(4)刮花。刮花是在已刮好的工件表面上用刮刀刮去极薄的一层金屑,以形成花纹,其作用是改善润滑,增加美观,并可根据花纹的磨损和消失情况来判断磨损程度。刮花时多用带有弹性的刀杆,刃口较窄而锋利的刮刀。常见刮花花纹如图6-12所示。

a) b) c) d)

图6-12 刮花花纹

a)斜纹;b)鱼鳞纹;c)半月纹;d)鱼鳞纹的刮法

2. 曲面刮削

曲面刮削的原理和平面刮削一样,但是,刮削内曲面时,刀具所作的运动是螺旋运动。用标准轴或配合的轴作内曲面研磨点子的工具,研磨时,将显示剂均匀地涂在轴面上,用轴在轴孔中来回旋转,点子即可显示出来,如图6-13所示,然后,针对高点刮削。曲面刮削的方法有两种:短杆握刀法和长杆握刀法,如图6-14所示。

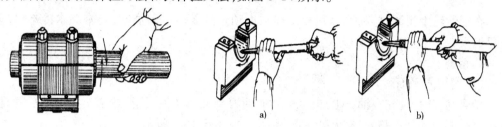

图6-13 曲面研磨

图6-14 曲面刮削
a)短杆握刀法;b)长杆握刀法

短杆握刀法,如图6-14a)所示,右手握住刀柄,左手手掌向下用四指横握刀杆。刮削时右手作半圆转动,左手顺着曲面的方向拉动或推动刀杆(图中箭头方向所示),与此同时,刮刀还要轴向移动(即刮刀作螺旋运动)。

长杆握刀法,如图6-14b)所示,刀杆放在右手臂上,双手握住刀身。刮削时动作与短杆握刀法的动作相同。

曲面刮削注意事项如下:

(1)刮削时用力不可太大,以不发生抖动,不产生振痕为宜。

(2)交叉刮削,刀痕与曲面内孔中心线约为45°,以防止刮面产生波纹,研点也不会成条状。

(3)研点时相配合的轴应沿曲面作来回转动,精刮时转动弧长应小于25mm,切忌沿轴线方向作直线研点。

(4)一般情况是孔的前后端磨损快,因此刮削内孔时,前后端的研点要多些,中间段的研点可以少些。

三、刮刀的刃磨

1. 平面刮刀的刃磨

1)粗磨

刮刀平面在砂轮外圆上来回移动,去掉刮刀平面上的氧化皮,将刮刀平面贴在砂轮侧面磨平,注意控制刮刀的厚度和两平面的平行度,厚度应控制在1.5~4mm,目测在全长上看不出明显的厚薄差异。然后将刮刀顶端放在砂轮外缘上平稳地左右移动,刃磨使顶端与刀身轴线垂直即可,如图6-15所示。

2)热处理

刮刀作为一种切削工具,要求刃部有较高的硬度,因此除合理地选用材料外,还要进行淬硬处理。将粗磨好的刮刀头

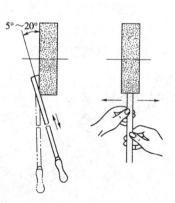

图6-15 粗磨刮刀

部约 25mm 长放入炉中加热,缓慢加热到 780~800℃(呈樱桃红色)后取出,迅速放入冷水中冷却(浸入深度约 8~16mm)。刮刀应在水中缓慢移动和间断少许上下移动,可防止淬硬与不淬硬的界线处发生断裂。当露出水面部分颜色呈黑色,即可将刮刀全部浸入水中冷却,直至常温后取出,刮刀硬度可达到 60HRC。

3)细磨

在细砂轮上粗磨时,刮刀形状和几何角度须达到要求。刃磨时,要常蘸水冷却,以防刃口退火。

4)精磨

(1)磨刀身平面。

精磨刮刀时,首先在油石上加注润滑油,使刀身平贴在油石上,按箭头方向前后移动,直到将平面刃磨到平整光洁,无砂轮磨痕为止,如图 6-16a)所示。

(2)磨端面。

短刮刀端面精磨:用右手握住刀身前端,左手握刀柄,使刮刀刀身中心线与油石平面基本垂直。右手握紧刮刀用力向前推进和拉回,左手扶正,在油石上前后往复移动距离约为 75mm 左右。拉回时,刀身可略提起一些,以免磨损刀刃,如图 6-16b)所示。

长刮刀端面精磨:刮刀手柄端紧靠肩部,两手紧握刮刀,向后拉时刃磨刀刃,前移时,提起刮刀,如图 6-16c)所示。

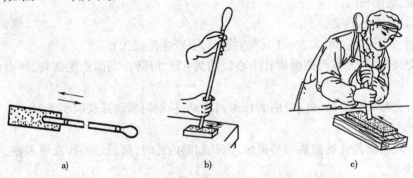

图 6-16 精磨刮刀

a)磨刀身平面;b)短刮刀端面精磨;c)长刮刀端面精磨

刃磨刮刀顶端时,刮刀楔角的大小一般应按粗、细和精刮的不同要求而定。

2. 曲面刮刀刃磨

1)三角刮刀的刃磨

三角刮刀使用标准化的成品刮刀,所以无须进行粗磨后,再进行精磨,可以直接进行精磨。精磨的方法:用右手握持刮刀柄,左手轻压刀头部分,使两刀刃顺油石长度方向推移,依刀刃的弧面进行摆动,直至刀刃锋利,表面光洁为止,如图 6-17 所示。

2)蛇头刮刀的刃磨

蛇头刮刀两平面的刃磨与平面刮刀相同,而刀头两侧圆弧面的刃磨方法与三角刮刀的刃磨方法基本

图 6-17 三角刮刀精磨

相同。

使用油石的注意事项：

(1)刃磨刮刀时,油石表面必须保持适量的润滑油,否则,磨出的刮刀刃口不光滑,油石也易损坏。

(2)刃磨时,必须检查油石表面是否平直,同时应尽量利用油石的有效面,使油石均匀磨损。

(3)油石表面的油层应保持清洁。刃磨后,应将污油擦去,若已嵌入铁屑,可用煤油或汽油洗去,若无效,可用砂布擦去。

(4)新油石使用前应放在油中浸泡,用完后应放入盒内或浸入油中。

(5)刃磨时,应根据加工件精度要求,选用适当粒度的油石。

四、刮削实例——原始平板刮削

原始平板(又称标准平板)刮削一般采用渐进法,即不用标准平板,而以三块平板依次循环互研,达到平面度的要求,称为"三面互研"。首先,每刮一个阶段后,必须改变基准,否则不能提高精度;其次,每一个阶段中,均以一块为基准刮另外两块。

三块原始平板的刮研可分为正研和对角研两个步骤。刮削的步骤,如图6-18所示。

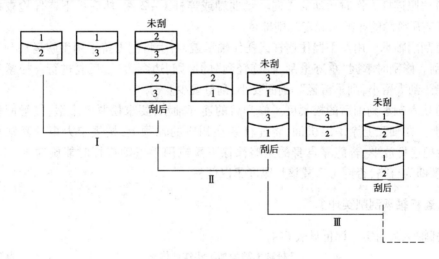

图6-18 原始平板的刮削法

1)正研

正研(纵向、横向)用三块平板轮换合研显示,以消除纵横起伏误差,通过多次循环刮削,达到各平面显点一致,如图6-19所示。正研按照一定顺序研配,刮后显点虽能符合要求,但有扭曲现象,两块平板互研,高处正好和低处重合,影响继续提高平板的精度。

2)对角研

为了消除同向扭曲现象,在经过几次正研循环后,必须采用对角研的方法进行刮研,如图6-20所示。研磨时,要高角对高角,低角对低角,根据研点修刮,直至三块板相互间无论用直研、调头研、对角研,研点情况完全相同,消除扭曲,研点数符合要求为止。

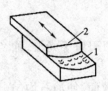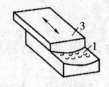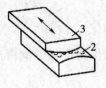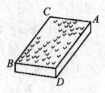

图 6-19　正研刮削示意图　　　　　　　　　图 6-20　对角研刮削示意图

五、练一练

刮削发动机连杆轴承

1. 工前准备

（1）备齐工具：三角刮刀、显示剂（红丹粉）、机油、扭力扳手、摇杆、套筒、V 形铁、平板等。

（2）清洁连杆轴承座孔，检查座孔的磨损情况。

2. 刮削步骤

（1）将曲轴用 V 形铁支承在平板上（也可用飞轮输出端为支承面，将曲轴垂直放置）。

（2）将装有轴承的连杆装到相应轴颈上，用拆装工具旋紧螺母（以转动曲轴或连杆时有阻力为度）。

（3）按照连杆工作时运动的方向转动曲轴或连杆 1～2 圈，然后拆下连杆检查接触痕迹，根据轴瓦接触的印痕来确定刮削部位。

（4）刮削轴承。用左手握住连杆或托住轴承盖，右手将刮刀持平用手腕运动刮刀由外向内修刮。修刮时掌握"重迹重刮，轻迹轻刮"的原则，边刮边试，反复进行。松紧度接近合适时要"刮大留小，刮重留轻"，刮面要小，刮量要少。

（5）检查轴承刮削后的松紧度。修刮后的连杆轴承，要求松紧度合适，接触面积达到 75% 以上。在轴瓦上涂一层机油，将连杆装在相应的轴颈上，按规定力矩拧紧轴承盖螺栓，然后把连杆放平，若能靠自身的策略徐徐下垂或用手甩动连杆时能旋转 1～1.5 周。其松紧度即为合格，否则可增减垫片厚度予以调整。

六、连杆轴承刮削实作

连杆轴承刮削实作评价见表 6-4。

连杆轴承刮削加工实作评价表　　　　表 6-4

序号	项目技术要求	配分	评分标准	评价记录	得分
1	正确选用刮削工具	5	选用不正确扣 5 分		
2	刮削方法正确	15	视操作情况扣分		
3	刮削操作姿势正确，动作规范	20	视操作情况扣分		
4	刮削表面刮点质量好	10	视刮削质量情况扣分		
5	轴承接触表面达 75% 以上	30	50%≤接触面＜75% 扣 15 分；接触面≤50% 扣 30 分		
6	轴承与轴颈配合良好	10	视装配质量情况扣分		
7	安全文明生产	10	有设备和人身安全事故不得分		
	总分	100		总得分	

项目七　研　　磨

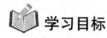学习目标

完成本项目学习后,你应能达到以下目标:
1. 知识目标
(1) 能叙述研磨的工艺特点。
(2) 能根据工件加工技术要求,正确选用研具和研磨剂。
(3) 知道研磨安全知识和文明生产要求。
2. 技能目标
(1) 能按正确的研磨操作姿势、要领研磨各种工作面,动作准确、协调,并能达到一定的研磨精度。
(2) 能分析产生研磨缺陷的原因。

建议学时

6 学时。

课题一　认识研磨

研磨是用研磨工具(研具)和研磨剂,从工件表面上磨掉一层极薄的金属,使工件达到精度的尺寸、准确的几何形状和很小的表面粗糙度的加工方法。主要用于表面粗糙度值要求很低,磨石磨削又难以达到要求的压铸模和塑料模表面加工。

一、研磨工具

1. 研具

在研磨加工中,研具是保证研磨工件几何形状正确的主要因素,因此对研具的材料和几何精度要求较高,而表面粗糙度值要小。

1) 研具材料

研具材料应满足如下技术要求:材料的组织要细致均匀,要有很高的稳定性和耐磨性,具有较好的嵌存磨料的性能,工作面的硬度应比工件表面硬度稍软。

常用的研具材料有如下几种:

(1) 灰铸铁:它有润滑性好,磨耗较慢,硬度适中,研磨剂在其表面容易涂布均匀等优点,是一种研磨效果较好、价廉易得的研具材料,因此得到广泛的应用。

(2) 球墨铸铁:它比一般灰铸铁更容易嵌存磨料,且更均匀、牢固、适度,同时还能增加

研具的耐用度。采用球墨铸铁制作研具已得到广泛应用,尤其用于精密工件的研磨。

(3)软钢:它的韧性较好,不容易折断,常用来制作小型的研具,如研磨螺纹和小直径工具、工件等。

(4)铜:性质较软,表面容易被磨料嵌入,适于制作研磨软钢类工件的研具。

2)研具类型

生产中需要研磨的工件是多种多样的,不同形状的工件应用不同类型的研具。常用的研具有以下几种:

(1)研磨平板:主要用来研磨平面,如研磨块规、精密量具的平面等,它分有槽的和光滑的两种,如图7-1所示。有槽的研磨平板用于粗研,研磨时易于将工件压平,可防止将研磨面磨成凸弧面;精研时,则应在光滑的平板上进行。

(2)研磨环:主要用来研磨外圆柱表面。研磨环的内径应比工件的外径大0.025～0.05mm,其结构如图7-2所示。当研磨一段时间后,若研磨环内孔磨大,拧紧调节螺钉,可使孔径缩小,以达到所需间隙,如图7-2a)所示。图7-2b)所示的研磨环,孔径的调整则靠右侧的螺钉。

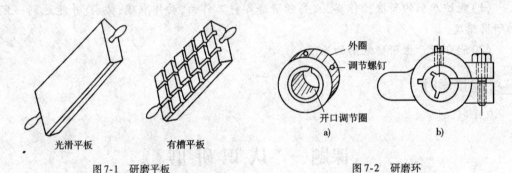

图7-1 研磨平板　　　　　　　　　　图7-2 研磨环

(3)研磨棒:主要用于圆柱孔的研磨,有固定式和可调式两种,如图7-3所示。

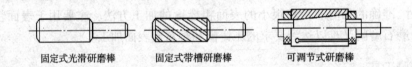

图7-3 研磨棒

固定式研磨棒制造容易,但磨损后无法补偿,多用于单件研磨。对工件上某一尺寸孔径的研磨,需要2～3个预先制好的有粗、半精、精研磨余量的研磨棒来完成,有槽的用于粗研,光滑的用于精研。

2.研磨剂

研磨剂是由磨料和研磨液调和而成的混合剂。

1)磨料

磨料是一种粒度很小的粉状硬质材料,在研磨中起切削作用,研磨加工的效率和精度都与磨料有直接的关系。常用的磨料一般有:氧化物磨料、碳化物磨料、金刚石磨料等系列,各种磨料特性、适用范围见表7-1。

各种磨料特性、适用范围　　　　　　　　　　　　　　　　　　　　表 7-1

系列	磨料名称	代号	特性	适用范围
氧化铝系	棕刚玉	A	棕褐色,硬度高,韧性大,价格便宜	粗、精研磨钢、铸铁和黄铜
	白刚玉	WA	白色,硬度比棕刚玉高,韧性比棕刚玉差	精研磨淬火钢、高速钢、高碳钢及薄壁零件
	铬刚玉	PA	玫瑰红或紫红色,韧性比白刚玉高,磨削粗糙度值低	研磨量具、仪表零件
	单晶刚玉	SA	淡黄色或白色,硬度和韧性比白刚玉高	研磨不锈钢、高钒高速钢等强度高、韧性大的材料
碳化物系	黑碳化物	C	黑色有光泽,硬度比白刚玉高,脆而锋利,导热性和导电性良好	研磨铸铁、黄铜、铝、耐火材料及非金属材料
	绿碳化物	GC	绿色,硬度和脆性比黑碳化物高,具有良好的导热性和导电性	研磨硬质合金、宝石、陶瓷、玻璃等材料
	碳化硼	BC	灰黑色,硬度仅次于金刚石,耐磨性好	粗研磨和抛光硬质合金、人造宝石等硬质材料
金刚石系	人造金刚石	JR	无色透明或淡黄色、黄绿色、黑色,硬度高,比天然金刚石略脆,表面粗糙	粗、精研磨硬质合金、人造宝石、半导体等高硬度脆性材料
	天然金刚石	JT	硬度最高,价格昂贵	
其他	氧化铁		红色至暗红色,比氧化铬软	精研磨或抛光钢、玻璃等材料
	氧化铬		深绿色	

　　磨料的粗细用粒度表示,有磨粒、磨粉和微粉 3 个组别。其中,磨粒和磨粉的粒度以号数表示,一般是在数字的右上角加"#"表示,如 100#、240# 等。这类磨料系用过筛法取得,粒度号为单位面积上筛孔的数目。因此,号数大,磨料细;号数小,磨料粗。而微粉的粒度则是用微粉尺寸(mm)的数字前加"W"表示,如 W10、W15 等。此类磨料采用沉淀法取得,号数大,磨料粗;号数小,磨料细。磨料的颗粒尺寸见表 7-2。

磨料的颗粒尺寸　　　　　　　　　　　　　　　　　　　　　　　　表 7-2

组别	粒度号数	颗粒尺寸(mm)	组别	粒度号数	颗粒尺寸(mm)
磨粒	12#	2000～1600	微粉	W40	40～28
	14#	1600～1250		W28	28～20
	16#	1250～1000		W20	20～14
	20#	1000～800		W14	14～10
	24#	800～630		W10	10～7
	30#	630～500		W7	7～5
	36#	500～400		W5	5～3.5
	46#	400～315		W3.5	3.5～2.5
	60#	315～250		W2.5	2.5～1.5
	70#	250～200		W1.5	1.5～1
	80#	200～160		W1	1～0.5
磨粉	100#	160～125		W0.5	0.5～更细
	120#	125～100			
	150#	100～80			
	180#	80～63			
	240#	63～50			
	280#	50～40			

2)研磨液

研磨液在加工过程中起调和磨料、冷却和润滑的作用,它能防止磨料过早失效和减少工件(或研具)的发热变形。常用的研磨液有煤油、汽油、10号和20号机械油、锭子油。

二、研磨余量

研磨的切削量很小,一般每研磨一遍所能磨去的金属层不能超过0.002mm,所以研磨余量不能太大。否则,会使研磨时间增加,并且研磨工具的使用寿命也要缩短。通常研磨余量在0.005~0.03mm范围内比较适宜,有时研磨余量保留在工件的公差以内。

研磨余量应根据如下主要方面来确定:工件的研磨面积及复杂程度;零件的精度要求;零件是否有工装及研磨面的相互关系等。一般情况下的研磨余量见表7-3。

研磨余量(mm)　　　　　　表7-3

平面长度	平面宽度		
	≤25	26~75	75~150
≤25	0.005~0.007	0.007~0.010	0.010~0.014
26~75	0.007~0.010	0.010~0.014	0.014~0.020
76~150	0.010~0.014	0.014~0.020	0.020~0.024
151~260	0.014~0.018	0.020~0.024	0.024~0.030

三、研磨的原理

研磨是一种微量的金属切削运动,它的基本原理包含着物理和化学的综合作用。

1)物理作用

物理作用即磨料对工件的切削作用,研磨时,要求研具材料比被研磨的工件软,这样受到一定压力后,研磨剂中微小颗粒(磨料)被压嵌在研具表面上。这些细微的磨料小颗粒具有较高的硬度,成为无数个刀刃。由于研具和工件的相对运动,半固定或浮动的磨粒则在工件和研具之间作运动轨迹很少重复的滑动和滚动,因而对工件产生微量的切削作用,均匀地从工件表面切去一层极薄的金属。借助于研具的精确型面,从而使工件逐渐得到准确的尺寸精度及合格的表面粗糙度。

2)化学作用

当研磨剂采用氧化铬、硬脂酸等化学研磨剂进行研磨时,与空气接触的工件表面,很快形成一层极薄的氧化膜,而且氧化膜又很容易被研磨掉,这就是研磨的化学作用。

在研磨过程中,氧化膜迅速形成(化学作用),又不断地被磨掉(物理作用)。经过这样的多次反复,工件表面就很快地达到预定要求。由此可见,研磨加工实际体现了物理和化学的综合作用。

课题二　研 磨 工 艺

一、研磨场地的要求

(1)温度:研磨场地温度应维持20℃的恒温。

(2)湿度:场地要求干燥,防止工件表面生锈,同时禁止场地有酸性物质溢出。
(3)尘埃:保持场地洁净,必要时配备空气过滤装置。
(4)振动:场地坚实防振,研磨设备本身不能有振动,以免影响研磨质量。
(5)操作者:操作者必须注意自身清洁卫生,不把尘埃带入场地。

二、研磨方法

研磨分手工研磨和机械研磨两种。手工研磨时,要使工件表面各处都受到均匀的切削,应合理选用运动轨迹,这对提高研磨效率、工件表面质量和研具的耐用度都有直接影响。

1. 手工研磨

手工研磨的运动轨迹有直线形、摆动式直线形、螺旋动式直线形、8字动式直线形或仿8字动式直线形等多种,如图7-4所示。它们的共同特点是工件的被加工面与研具的工作面在研磨中始终保持相密合的平行运动。既可获得理想的研磨效果,又能保持平板的均匀磨损,提高平板的使用寿命。

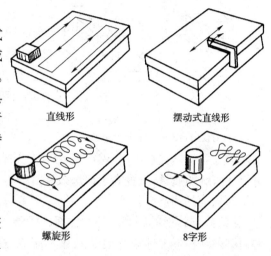

图 7-4 研磨运动轨迹

1)直线形研磨运动轨迹

直线运动的轨迹不会交叉,容易重叠,使工件难以获得较小的表面粗糙度,但可获得较高的几何精度,常用于窄长平面或窄长台阶平面的研磨。

2)摆动式直线形研磨运动轨迹

工件在直线往复运动的同时进行左右摆动,常用于研磨直线度要求高的窄长刀口形工件,如刀口尺、刀口直角尺及样板角尺测量刃口等的研磨。

3)螺旋形研磨运动轨迹

螺旋形研磨运动轨迹,适用于研磨圆片形或圆柱形工件的表面,如研磨千分尺的测量面等,可获得较高的平面度和较小的表面粗糙度。

4)8字形研磨运动轨迹

8字形研磨运动轨迹,这种运动能使研磨表面保持均匀接触,有利于提高工件的研磨质量,使研具均匀磨损,适于小平面工件的研磨和研磨平板的修整。

2. 平面研磨

1)一般平面研磨

一般平面的研磨是在平整的研磨平板上进行,研磨平板分有槽的和光滑的两种。粗研时,在有槽研磨平板上进行,因为有槽研磨平板能保证工件在研磨时整个平面内有足够的研磨剂并保持均匀,避免使表面磨成凸弧面。精研时,则应在光滑研磨平板上进行。

研磨前,先用煤油或汽油把研磨平板的工作表面清洗干净并擦干,再在研磨平板上涂上适当的研磨剂,然后把工件需研磨的表面(已去除毛刺并清洗过)合在研板上。沿研磨平板的全部表面,以8字形或螺旋形的旋转与直线运动相结合的方式进行研磨,并不断变更工件的运动方向。由于周期性的运动,使磨料不断在新的方向起作用,工件就能较快达到所需要的精度要求。

研磨时,要控制好研磨的压力和速度。对较小的高硬度工件或粗研时,可用较大的压力和较低的速度进行研磨。有时为减小研磨时的摩擦阻力,对自重大或接触面积较大的工件研磨时,可在研磨剂中加入一些润滑油或硬脂酸起润滑作用。

在研磨中,应防止工件发热。若稍有发热,应立即暂停研磨,避免工件因发热而产生变形。同时,工件在发热时所测尺寸也不准确。

2) 窄平面的研磨

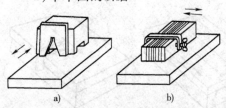

图7-5 窄平面研磨方法
a) 使用导靠件; b) 使用C形夹

在研磨窄平面时,应采用直线研磨运动轨迹。为保证工件的垂直度和平面度,应用金属块作导靠,使金属块和工件紧紧地靠在一起,并跟工件一起研磨,如图7-5a) 所示。导靠金属块的工作面与侧面应具有较高的垂直度。

若研磨工件的数量较多时,可用C形夹将几个工件夹在一起同时研磨。对一些易变形的工件,可用两块导靠将其夹在中间,然后用C形夹头固定在一起进行研磨,如图7-5b) 所示,这样既可保证研磨的质量,又提高了研磨效率。

3) 曲面的研磨

(1) 外圆柱面的研磨。外圆柱面的研磨一般采用手工和机械相配合的研磨方法进行,将研磨的圆柱形工件牢固地装夹在车床或钻床上,然后在工件上均匀地涂敷研磨剂(磨料),套上研磨环(研磨环的内径尺寸比工件的直径略大0.025~0.05mm,其长度是直径的1~2倍,配合的松紧度以能用手轻轻推动为宜)。工件在机床主轴的带动下作旋转运动(直径在80mm以下,转速为100r/min;直径大于100mm时,转速为50r/min为宜),用手扶持研磨环,在工件上作轴向直线往复运动。如图7-6所示。

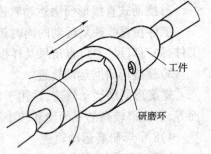

图7-6 外圆柱面研磨方法

外圆柱面研磨时,研磨环运动的速度以在工件表面上磨出45°交叉的网纹线为宜。研磨环移动速度过快时,网纹线与工件轴线的夹角小于45°,研磨速度过慢则网纹线与工件轴线的夹角大于45°,如图7-7所示。

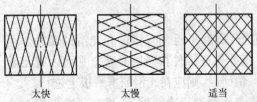

图7-7 外圆柱面移动速度和网纹线的关系

(2) 内圆柱面的研磨。研磨圆柱孔的研具是研磨棒,它是将工件套在研磨棒上进行研磨的。研磨棒的直径应比工件的内径略小0.01~0.025mm,工作部分的长度比工件长1.5~2倍。圆柱孔的研磨方法同圆柱面的研磨方法类似,不同的是将研磨棒装夹在机床主轴上。对直径较大、长度较长的研磨棒同样应用尾座顶尖顶住。将研磨剂(磨料)均匀涂布在研磨棒上，然后套上工件，按一定的速度开动机床旋转，用手扶持工件在研磨棒上沿轴线作直线往复运动。研磨时，要经常擦干挤到孔口的研磨剂，以免造成孔口的扩大，或采取将研磨棒两端都磨小尺寸的办法。研磨棒与工件相配合的间隙要适当，配合太紧，会拉毛工件表面，降低工件研磨质量；配合过松会将工件磨成椭圆形，达不到要求的几何形状。间隙大小以用手推动工件不费力为宜。

（3）圆锥面的研磨。圆锥面的研磨包括圆锥孔的研磨和外圆锥面的研磨。研磨圆锥面使用带有锥度的研磨棒（或研磨环）进行研磨。研磨棒（或研磨环）具有同研磨表面相同的锥度，研磨棒上开有螺旋槽，用来储存研磨剂，螺旋槽有右旋和左旋之分，如图7-8所示。

圆锥面的研磨方法是将研磨棒（或研磨环）均匀地涂上一层研磨剂（磨料），然后插入工件孔中（或套在圆锥体上），要顺着研具的螺旋槽方向进行转动（也可装夹在机床上），每转动4~5圈后，便将研具稍稍拔出些。之后再推入旋转研磨。当研磨接近要求时，可将研具拿出，擦干净研具或工件，然后再重新装入锥孔（或套在锥体上）研磨，直到表面呈银灰色或发亮为止，如图7-9所示。

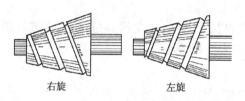

图7-8 圆锥面研磨棒

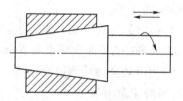

图7-9 圆锥面研磨

三、研磨缺陷分析

研磨时，产生缺陷的形式、原因及预防措施见表7-4。

研磨产生缺陷的原因及预防措施　　　　表7-4

缺陷形式	产生原因	防止办法
表面不光洁	①磨料过粗 ②研磨液不当 ③研磨剂涂得太薄	①正确选用磨料 ②正确选用研磨液 ③研磨剂涂布应适当
表面拉毛	研磨剂中混入杂质	做好清洁工作
平面成凸形或孔口扩大	①研磨剂涂得太厚 ②孔口或工件边缘被挤出的研磨剂未擦去就连续研磨 ③研磨棒伸出孔口太长	①研磨剂应涂得适当 ②被挤出的研磨剂应擦去后再研磨 ③研磨棒伸出长度要适当
孔成椭圆形或有锥度	①研磨时没有更换方向 ②研磨时没有调头研	①研磨时应变换方向 ②研磨时应调头研
薄形工件拱曲变形	①工件发热了仍继续研磨 ②装夹不正确引起变形	①不使工件温度超过50℃，发热后应暂停研磨 ②装夹要稳定，不能夹得太紧

四、研磨实例

研磨如图7-10所示平行面。

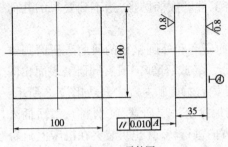

图7-10 零件图

1. 工前准备

(1)识读零件图,明确加工技术要求。

(2)检查备料是否满足加工要求。

(3)备齐研磨工具和检验量具,如:研磨平板、千分尺、千分表、量块、平板、研磨剂等。

2. 研磨

(1)用千分尺检查工件的平行度,观察其表面质量,确定研磨方法。

(2)选用并涂抹磨料。粗研用 $100^\#\sim200^\#$ 范围内的磨粉;精研用 W20~W40 的微粉。

(3)研磨基准面 A。分别用各种研磨运动轨迹进行研磨练习,直到达到表面粗糙度 $Ra\leqslant0.8$mm 的要求。

(4)研磨另一大平面。先打表测量其对基准的平行度,确定研磨量,然后再进行研磨。保证0.010mm 的平面度要求和 $Ra\leqslant0.8$mm 的表面粗糙度要求。

(5)用量块全面检测研磨精度,送检。

3. 研磨注意事项

(1)研磨剂每次上料不宜太多,并要分布均匀。

(2)研磨时要特别注意清洁工作,不要使杂质混入研磨剂中,以免划伤工件。

(3)注意控制研磨时的速度和压力,应使工件均匀受压。

五、练一练

手工研磨一只汽车发动机气门。气门与气门座研磨的工艺要求如图7-11所示。

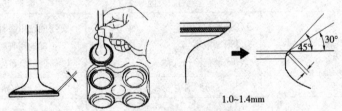

图7-11 气门与气门座研磨要求

1. 工前准备

(1)查阅发动机维修技术资料,明确加工技术要求。

(2)根据发动机气门座技术要求铰削座圈(铰削工艺见项目八课题三)。

(3)备齐研磨工具和检验量具,如:成套气门座铰刀、研磨工具(橡皮捻子)、气门研磨膏(粗、细)、红丹油、汽油、汽缸盖等。

2. 研磨步骤

(1)清洁气门、气门座工作表面。

(2)在气门工作面上均匀抹上研磨砂,如图7-12所示。

(3)按图 7-13 所示的工艺方法进行研磨。

先用粗砂研磨,研磨出一条平整、无斑点痕迹的接触线带,然后洗去粗砂,换上细砂研磨。直至气门座及气门头的工作面均出现一条整齐而呈灰色无光泽的环带,最后洗去研磨膏,用机油磨片刻。

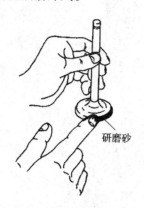

图 7-12　涂研磨膏

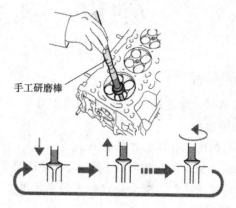

图 7-13　气门座研磨方法

(4)检查研磨质量。

把气门装入气门座,利用气门自身的质量使气门与气门座密合。然后从气门头倒入汽油至燃烧室齐平,等待片刻,观察气门头上的汽油,以不渗过气门座的接触线带为符合要求;或用手摸探进、排气管口等是否渗入汽油,若有汽油渗入,则说明气门与气门座密封不严,应重新研磨至符合要求为止。

注意事项:在研磨操作过程中,绝对不允许研磨砂(或研磨膏)落入气门导管与气门杆之间,以防损坏气门杆与导管的密封性能。

六、研磨实作评价

气门研磨实作评价见表 7-5。

气门研磨加工实作评价表　　　　　　表 7-5

序号	项目与技术要求	配分	评分标准	评价记录	得分
1	正确选用研磨剂	10	选用不正确扣 10 分		
2	研磨工作面清洗	10	视质量情况扣分		
3	研磨方法正确	20	视操作情况扣分		
4	气门密封环带符合机型要求	20	视质量情况扣分		
5	密封性良好	30	密封性达不到技术要求扣 30 分		
6	安全文明生产	10	有设备和人身安全事故不得分		
	总分	100	总得分		

项目八 孔 加 工

学习目标

完成本项目学习后,你应能达到以下目标:

1. 知识目标

(1) 能叙述孔加工的工艺特点。
(2) 能根据工件加工的技术要求,正确选用孔加工工具。
(3) 能描述孔加工安全知识和文明生产要求。

2. 技能目标

(1) 能按正确的操作姿势和设备操作规范,加工孔。
(2) 能够分析孔加工出现的问题及产生的原因,找出解决问题的方法。

建议学时

6 学时。

课题一 钻 孔

钻孔是用钻头在实体材料上加工孔的方法。孔加工的方法主要有两类:一类是在实体工件上加工出孔,即用麻花钻、中心钻等进行钻孔;另一类是对已有孔进行再加工,即用扩孔钻、锪孔钻和铰刀进行扩孔、锪孔和铰孔等。孔加工是钳工的重要操作技能之一。

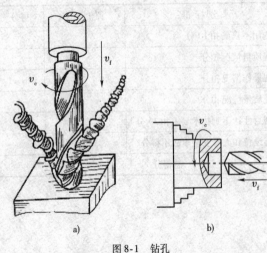

图 8-1 钻孔
a) 在钻床上钻孔 b) 在车床上钻孔

钻孔是钻头与工件作相对运动来完成钻削加工的。在钻床上钻孔时,工件固定在工作台上,钻头安装在钻床的主轴孔中,主轴带动钻头作旋转运动并轴向移动进行钻削。这时,主轴的旋转运动称为主运动(v_c);主轴的轴向移动称为进给运动(v_f),如图 8-1a 所示。在车床上也可以进行钻孔,此时,工件装夹在车床的主轴卡盘上,主轴带动工件旋转,称为主运动(v_c);钻头装夹在尾座的套筒中,作轴向移动,称为进给运动(v_f),如图 8-1b 所示。由于钻头本身精度和刚性的影响,其加工精度不高,一般为 IT10~

IT9，表面粗糙度值（R_a）50～12.5um，只能作为孔的粗加工。

一、钻孔设备与工具

1. 标准麻花钻

1）标准麻花钻结构

标准麻花钻简称麻花钻或钻头，是应用最广泛的钻孔工具。一般用高速钢制成。标准麻花钻由柄部、颈部和工作部分组成，如图8-2所示。

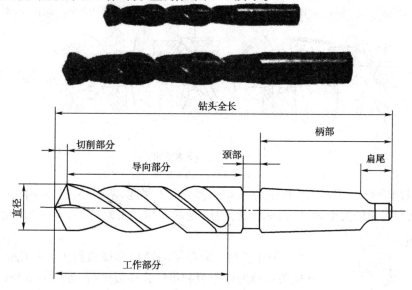

图8-2 标准麻花钻
a）麻花钻实物图；b）麻花钻结构

（1）柄部。麻花钻有锥柄和直柄两种。一般钻头直径小于6mm的制成直柄，直径在6~13mm的钻头有直柄和莫氏锥柄两种，大于13mm的制成锥柄。柄部是麻花钻的夹持部分，它的作用是定心和传递动力。

（2）颈部。颈部在磨削麻花钻时供砂轮退刀使用，钻头的规格、材料及商标常打印在颈部。

（3）工作部分。工作部分由导向部分和切削部分组成。导向部分的作用不仅是保证钻头钻孔时的方向正确，修光孔壁，同时还是切削部分的后备。在钻头重新刃磨时，导向部分逐渐变为切削部分投入切削。导向部分有两条螺旋槽，作用是形成切削刃及容纳和排除切屑，便于切削液沿螺旋槽流入。同时，导向部分的外缘是两条刃带，它的直径略有倒锥，既可以引导钻头切削时的方向，使它不致偏斜；又可以减少钻头与孔壁的摩擦。切削部分由两条主切削刃、两个前刀面、两个主后刀面、两个副后刀面和一条横刃组成，一般横刃长为0.18D（D为钻头直径）。各部分名称如图8-3所示。

2）麻花钻刃磨

麻花钻刃磨需要在砂轮机上进行磨削，砂轮机结构类型见图1-17。

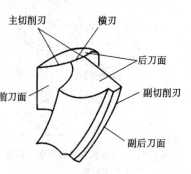

图8-3 标准麻花钻的切削部分

（1）操作者应站在砂轮机的左面，右手握住钻头的头部，左手握住柄部，被刃磨部分的主切削刃处于水平位置，使钻头中心线与砂轮圆柱母线在水平面内的夹角等于钻头锋角的一半，同时钻尾向下倾斜，如图8-4a）所示。

（2）将主切削刃在略高于砂轮水平中心平面处先接触砂轮。右手缓慢的使钻头绕自己的轴线由下向上转动，同时施加适当的刃磨压力。左手配合右手做缓慢的同步下压运动，刃磨压力逐渐增大，便于磨出后角，下压的速度及其幅度随要求的后角大小而变，为保证钻头近中心处磨出较大后角，还应做适当的右移运动。刃磨时两手动作的配合要协调、自然，压力不要过大，要经常蘸水冷却，防止温度过高而降低钻头硬度。如图8-4b）所示。

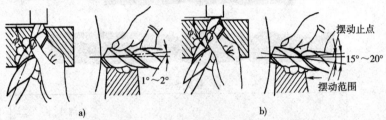

图8-4　刃磨锋角和后角
a）刃磨锋角；b）刃磨后角

（3）目测检查。刃磨过程中，把钻头切削部分向上竖起，两眼平视，观察两主切削刃的长短、高低和后角的大小，两后刀面经常轮换，使两主切削刃对称，直至达到刃磨要求，如图8-5所示。

图8-5　麻花钻的目测检查

（4）用样板检查麻花钻的锋角和横刃斜角。麻花钻刃磨后锋角和横刃斜角的检查可利用检验样板进行，如图8-6所示，不合格时再进行修磨，直至各角度达到规定要求。

（5）修磨横刃。由于麻花钻横刃较长、不易定心（钻头易发生抖动）、切削条件差，一般直径在5mm以上的钻头均需磨短横刃。磨削时要增大横刃处的前角，缩短横刃的长度。将麻花钻中心线所在水平面向砂轮侧面左倾约15°夹角，所在垂直平面向刃磨点的砂轮半径方向下倾约成55°夹角，如图8-7所示。修磨时转动钻头，使麻花钻刃背接触砂轮圆角处，由外向内沿刃背线逐渐磨至钻心将横刃磨短，然后将麻花钻转过180°，修磨另一侧横刃。修磨后的横刃长度为原来长度的1/5～1/3，横刃前角为-15°～0°。

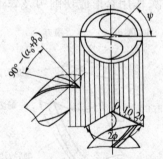

图8-6　用样板检查刃磨后麻花钻的锋角和横刃斜角

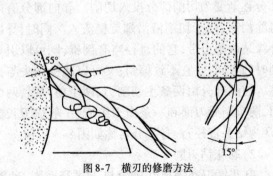

图8-7　横刃的修磨方法

项目八 孔 加 工

2. 钻孔设备

钻孔设备一般包括手持电钻、钻床及夹具。

1) 钻床

钻孔常用的钻床有台钻、立钻和摇臂钻床三种,各种钻床结构及使用见项目一。

2) 手持电钻

手持电钻有手提式电钻和手轮式电钻两种,如图 8-8 所示。电钻内部结构一般主要由电动机和两级减速齿轮组成。从适用电源分有单相(220V、36V)和三相(380V)两种。从适用最大钻孔直径分:单相有 6mm、10mm、13mm、19mm 4 种;三相有 13mm、19mm、23mm 3 种。

手持电钻质量轻、体积小,携带方便,操作简单,使用灵活。一般用于工件搬动不方便或由于孔的位置不能放于其他钻床加工的地方。

手持电钻使用注意事项:

(1) 使用前必须检查其规格,适用于何种电源,要认真检查电线是否完好。

(2) 操作时应带橡胶手套、穿胶鞋或站在绝缘板上。

(3) 电钻钻孔的进给完全由手推进行,使用钻头要锋利,钻孔时不得用力过猛,发现速度降低时,应立即减轻压力。

(4) 电钻突然停止转动时,要立即切断电源,检查原因。

(5) 移运电钻时,必须用手握持手柄,严禁用拉电源线来拖动电钻,防止将电线擦破、割伤和扎坏,而引起漏电事故。

3. 钻头夹具

钻头夹具有钻夹头、钻套,钻头安装如图 8-9、图 8-10 所示。

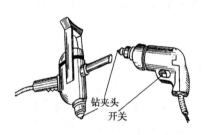

图 8-8 手持电钻　　　　图 8-9 直柄麻花钻的夹装　　　　图 8-10 锥柄麻花钻的安装
　　　　　　　　　　　　　　　　　　　　　　　　　　　　　　　a) 安装;b) 钻套

4. 工件夹具

工件钻孔时,要根据工件的不同形状以及钻削力的大小等情况,采用不同的装夹方法,以保证钻孔的质量和安全。常用的基本装夹方法如下:工件较小,可用手虎钳夹持工件钻孔,如图 8-11a) 所示;在长工件上钻孔时,可以在工作台上固定一物体,将长工件紧靠在该物体上进行钻孔,如图 8-11b) 所示;在较平整、稍大的工件上钻孔时,可将工件夹持在机用虎钳上进行,如图 8-11c) 所示;若钻削力较大,可先将机用虎钳用螺栓固定在机床工作台上,然后再钻孔;在圆柱表面上钻孔时,将工件安放在 V 形块中固定,如图 8-14d) 所示。另外,还可根据工件的形状选用压板、三爪自定心卡盘或专用工具等装夹进行钻孔,如图 8-11e)、f)、g) 所示。

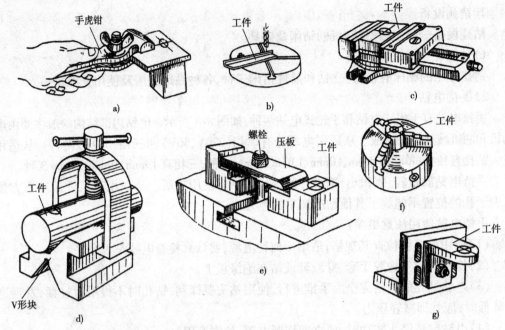

图8-11 工件夹具与装夹的方法

二、钻削用量及其选择

1. 钻削用量

钻削用量包括切削速度、进给量和切削深度。

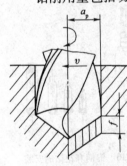

图8-12 钻削用量

(1) 切削速度(v)。指钻孔时钻头直径上一点的线速度,可由下式计算:

$$v = \pi nd/1000$$

式中,v 为切削速度(m/min);n 为钻床主轴转数(r/min);d 为麻花钻直径(mm)。

(2) 进给量(f)。主轴每转一转钻头对工件沿主轴轴线的相对位移为进给量,单位为 mm/r,如图8-12所示。麻花钻为多齿刀具,它有两条切削刃(两个刀齿),其每齿进给量f_z(单位 mm/z)为进给量的一半。

(3) 切削深度(a_p)。一般指工件已加工表面与待加工表面之间的垂直距离,或是一次走刀所能切下的金属层厚度。钻孔时的切削深度为麻花钻直径的一半,即 $a_p = d/2$。

2. 钻削用量的选择

选择钻削用量的目的,是在保证加工精度和表面粗糙度及保证刀具合理寿命的前提下,使生产率提高,同时不允许超过机床的功率,也不能超过机床、刀具、工件等的强度和刚度的承受范围。

钻孔时,由于切削深度已由钻头直径所定,所以只需选择切削速度和进给量。对钻孔生产率的影响,切削速度v和进给量f是相同的;对钻头寿命的影响,切削速度v比进给量f大;对孔的粗糙度的影响,进给量f比切削速度v大。综合以上的影响因素,钻孔时选择钻削用量的基本原则是:在允许范围内,尽量先选较大的进给量 f,当 f 受到表面粗糙度和钻头刚度的限制时,再考虑较大的切削速度 v。

1) 切削深度的选择

直径小于 30mm 的孔一次钻出。直径为 30～80mm 的孔可分为两次钻削,先用小直径钻头钻底孔,然后用大直径的钻头将孔扩大,这样可以减小切削深度及轴向力,保护机床,同时提高钻孔质量。

2) 进给量的选择

孔的精度要求较高和表面粗糙度值要求较小时,应取较小的进给量;钻孔较深、钻头较长、刚度和强度较差时,也应取较小的进给量。

3) 切削速度的选择

当钻头的直径和进给量确定后,钻削速度应按钻头的寿命选取合理的数值,一般根据经验选取。

三、钻削操作

1. 起钻

钻孔时,先使钻头对准钻孔中心,钻出一浅坑,观察钻孔位置是否正确,并要不断纠正,使起钻浅坑与划线圆同轴。校正时,若偏位较少,可在起钻的同时用力将工件向偏位的相同方向推移,达到逐步校正。若偏位较多,可在校正方向打几个中心样冲眼或用油槽錾錾出几条槽,以减少此处的切削阻力,达到校正的目的。如图 8-13 所示。

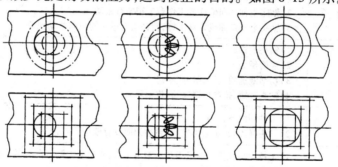

图 8-13 用油槽錾校正起钻偏位的孔

2. 钻孔

当起钻达到钻孔位置要求后,持续转动进给手柄(手动进给)进行钻削。在钻孔过程中,进给力不宜过大,防止钻头发生弯曲,使孔歪斜,当钻孔直径较大时用毛刷加注乳化液降温并注意经常退出钻头排屑。

3. 停钻

当孔即将钻穿时,减小进给力,以防止进给量突然过大,切削抗力增大,造成钻头折断,或使工件随钻头转动造成事故。钻孔结束时在不停机情况下向上退出钻头。

四、薄板、深孔和不通孔的钻孔方法

1. 薄板的钻孔方法

在薄钢板上钻孔时,由于工件刚性差,容易变形和振动,用标准麻花钻钻孔,工件受到

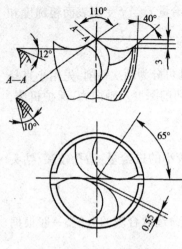

图 8-14 薄板钻头刃磨的形状

轴向力时向下弯曲。当钻透时,工件回弹,使得切削刃突然切入过多而产生扎刀或将钻头折断,因此,需把钻头磨成如图 8-14 所示的薄板钻。这种钻头的特点是采用多刃切削,横刃短以减小轴向抗力,有利于薄板钻孔。

2. 深孔的钻孔方法

(1) 当钻头钻进深度达孔径的 3 倍时,将钻头从孔内退出,及时排屑和冷却,防止切屑积留阻塞,使钻头过度磨损或扭断,以影响孔壁粗糙度。

(2) 钻直径较大的深孔时,一般是先钻出底孔,然后经一次或几次扩孔。扩孔余量逐次减少。

3. 不通孔的钻孔方法

钻不通孔时,利用钻床上的深度刻度盘来控制所钻孔的深度。

五、钻孔误差分析

钻孔时容易出现的问题及产生的原因见表 8-1。

钻孔时容易出现的问题及产生的原因　　　　　　　表 8-1

出现问题	产生原因
孔大于规定尺寸	1) 钻头两切削刃长度不等,高低不一致 2) 钻床主轴径向偏摆或工作台未锁紧有松动 3) 钻头本身弯曲或装夹不好,使钻头有过大的径向跳动现象
孔壁粗糙	1) 钻头不锋利 2) 进给量太大 3) 切削液选用不当或供应不足 4) 钻头过短、排屑槽堵塞、孔位偏移
孔位偏移	1) 工件划线不正确 2) 钻头横刃长、定心不准,起钻过偏而没有校正
孔歪斜	1) 工件上与孔垂直的平面与主轴不垂直,或钻床主轴与台面不垂直 2) 工件安装时安装接触面上的切屑未清除干净 3) 工件装夹不牢,钻孔时产生歪斜,或工件有砂眼 4) 进给量过大使钻头产生弯曲变形
钻孔呈多角形	1) 钻头后角太大 2) 钻头两主切削刃长短不一,角度不对称
钻头工作部分折断	1) 钻头用钝仍继续钻孔 2) 钻孔时未经常退钻排屑,使切屑在钻头螺旋槽内阻塞 3) 孔将钻通时没有减小进给量进给过大 4) 工件未夹紧,钻孔时产生松动 5) 在钻黄铜一类软金属时,钻头后角太大,前角又没有修磨小造成扎刀
切削刃迅速磨损或碎裂	1) 切削速度太高 2) 没有根据工件的内部硬度来磨钻头角度 3) 工件表面或内部硬度不均或有砂眼 4) 进给量过大 5) 切削冷却液不足

六、钻孔注意事项

(1)严格遵守钻床操作规程,严禁戴手套操作。

(2)工件必须夹紧,特别在小工件上钻较大直径孔时装夹必须牢固,孔将钻穿时,要尽量减小进给力。

(3)开动钻床前,应检查是否有钻夹头钥匙或斜铁插在钻轴上。

(4)钻孔时不可用手和棉纱或用嘴吹来清除切屑,必须用毛刷清除,钻出长条切屑时,要用钩子钩断后除去。

(5)操作者的头部不准与旋转着的主轴靠得太近,停车时应让主轴自然停止,不可用手制动,也不能用反转制动。

(6)严禁在开车状态下装拆工件。检验工件和变换主轴转速,必须在停机状况下进行。

(7)清洁钻床或加注润滑油时,必须切断电源。

七、练一练

按如图 8-15 所示工件图样完成钻孔作业。

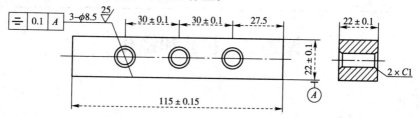

图 8-15 钻孔工件图样

钻削工艺过程:

1. 工前准备

(1)识读图样,检查工件是否满足加工要求。

(2)备齐工量具和设备:样冲、手锤、划规、钢直尺、麻花钻(Φ8mm)、砂轮机、台钻、平口钳等。

(3)检查钻头几何形状和角度,视情况刃磨钻头。

2. 操作步骤

(1)在工件表面涂色并按图样划线。

(2)在孔中心打样冲眼。

(3)检查台钻运转是否正常,根据材料性质和钻孔直径选择钻削速度、进刀量和钻削冷却液。

(4)在台钻上安装好钻头。

(5)将工件用平口钳夹装好(工件下方垫上木块)。

(6)调整好工件中心与钻头中心的相对位置。

(7)先试钻,确认中心位置正确后进行钻削。钻好一个孔后重复(5)、(6)、(7)三个步骤钻其余各孔。

(8)检查钻削质量并去毛刺。

八、钻孔实作评价

钻孔实作评价见表8-2。

表8-2 钻孔实作评价表

序号	项目与技术要求	配分	评分标准	评价记录	得分
1	工件安装合理	10	不符合要求的酌情扣分		
2	麻花钻安装正确	10	不符合要求的酌情扣分		
3	选择钻床转速正确	10	不符合要求的酌情扣分		
4	起钻及钻孔正确	10	不符合要求的酌情扣分		
5	钻孔Φ8mm(3处)质量	30	超差一处不得分		
6	孔距(30±0.1)mm(3处)	10	超差一处不得分		
7	尺寸(27.5±0.5)mm	5	超差不得分		
8	倒角C1(6处)	10	超差一处扣2分		
9	安全文明生产	10	有设备、人身安全事故不得分		
	总分	100	总得分		

课题二　扩孔和锪孔

一、扩孔

扩孔是用扩孔钻对工件上已有孔进行扩大加工的方法,通常用于精铰孔前的预加工,或在钻孔直径大于30mm时,先用0.5~0.7倍孔径的钻头预钻孔,再用相应孔径的扩孔钻扩孔。如图8-16所示。D为扩孔后孔的直径(mm),d为预钻孔的直径(mm)。

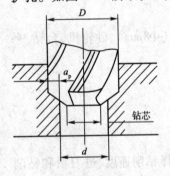

图8-16　扩孔

由图可知:扩孔时吃刀量a_p为:

$$a_p = (D-d)/2$$

1. 扩孔钻结构

扩孔钻结构如图8-17所示。

与麻花钻相比扩孔钻有如下特点:

(1)扩孔钻无横刃,避免了横刃切削所引起的不良影响。

(2)吃刀量较小,切屑易排出,不易擦伤已加工面。

(3)扩孔钻强度高、齿数多,导向性好,切削稳定,可使用较大切削用量(进给量一般为钻孔的1.5~2倍,切削速度约为钻孔的1/2),以提高生产效率。

(4)加工质量较高。一般公差等级可达IT10~IT9,表面粗糙度Ra可达12.5~3.2um。

2. 扩孔注意事项

(1)扩孔钻多用于成批大量生产。小批量生产常用麻花钻代替扩孔钻,此时,应适当减小钻头前角,以防止扩孔时扎刀。

(2)用麻花钻扩孔,扩孔前孔的直径为所需孔径的0.5~0.7倍;用扩孔钻扩孔,扩孔前孔的直径为所需孔径的0.9倍。

(3)钻孔后,在不改变钻头与机床主轴相互位置的情况下,应立即换上扩孔钻进行扩孔,使钻头与扩孔钻的中心重合,保证加工质量。

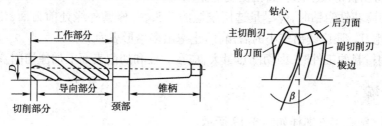

图8-17 扩孔钻结构

二、锪孔

锪孔是用锪钻在孔口表面加工出一定形状的孔或表面的方法。可分为锪圆柱形沉孔、锪圆锥形沉孔和锪平面等几种形式,如图8-18所示。

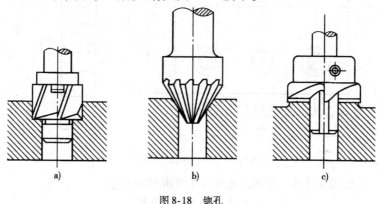

图8-18 锪孔
a)锪圆柱形沉孔;b)锪圆锥形沉孔;c)锪凸台平面

1.锪孔钻的种类及用途

(1)柱形锪钻:柱形锪钻主要用于锪柱形沉头孔。

(2)锥形锪钻:主要有60°、75°、90°、120°等几种。它主要用于锪埋头铆钉孔和埋头螺钉孔。

(3)端面锪钻:主要用来锪平孔口端面以保证孔端面与孔中心线的垂直度,也可用来锪平凸台平面。

2.锪孔方法

(1)锪锥形孔时,按图样要求选用锥形锪孔钻。锪孔深度一般控制在埋头螺钉装入后低于工件表面约0.5mm为宜。加工表面无振痕。

(2)锪柱形埋头孔时,孔底平面要平整并与底孔轴线垂直,加工表面无振痕。

(3)锪孔时的切削速度一般是钻孔时的1/2~1/3,精锪时甚至可以利用停机后主轴的惯性来锪孔。

(4)在使用麻花钻改制成的锪钻锪制平底孔时,应先用同规格的麻花钻钻出底孔,即钻出0.5~1mm的成型孔,以便定心。

3.锪孔时的注意事项

(1)锪孔时的进给量应为钻孔时的2~3倍,切削速度是钻孔时的1/2~1/3为宜。应尽量减小振动以获得较小的表面粗糙度值。

(2)若用麻花钻锪钻时,应尽量选用较短的钻头,并修磨外缘处前刀面,使前角变小,以防振动和扎刀。还应磨出较小的后角,防止锪出多角形表面。

(3)锪钢材料的工件时,因切削热量大,应在导柱和切削表面上加注切削液。

三、练一练

(1)钻孔、锪孔工件图样如图8-19所示。

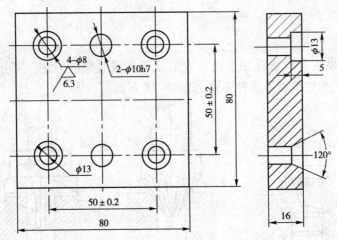

图8-19 钻孔、锪孔工件图样

(2)钻孔、锪孔实作评价。钻孔、锪孔实作评价见表8-3。

钻孔、锪孔操作评价表　　　　　表8-3

序号	项目与技术要求	配分	评分标准	评价记录	得分
1	工件安装合理	10	不符合要求的酌情扣分		
2	麻花钻安装正确	10	不符合要求的酌情扣分		
3	选择钻床转速正确	10	不符合要求的酌情扣分		
4	起钻及钻孔正确	10	不符合要求的酌情扣分		
5	钻孔锪孔8Φmm(6处)	25	每处超差不得分		
6	孔距(30±0.1)mm(3处)	15	每处超差不得分		
7	对称度0.1mm(3处)	5	每处超差不得分		
8	尺寸(27.5±0.5)mm	2	超差不得分		
9	倒角C1(6处)	3	每处超差不得分		
10	安全文明生产	10	有设备、人身安全事故不得分		
	总分	100		总得分	

课题三 铰 孔

用铰刀从工件孔壁上切除微量金属层,以提高其尺寸精度和降低表面粗糙度的方法,称为铰孔。由于铰刀的刀齿数量多,切削余量小,故切削阻力小,导向性好,加工精度高,一般可达 IT9~IT7 级,表面粗糙度(Ra)可达 3.2~0.8um。

一、铰刀结构

铰刀由柄部、颈部和工作部分组成,如图 8-20 所示。

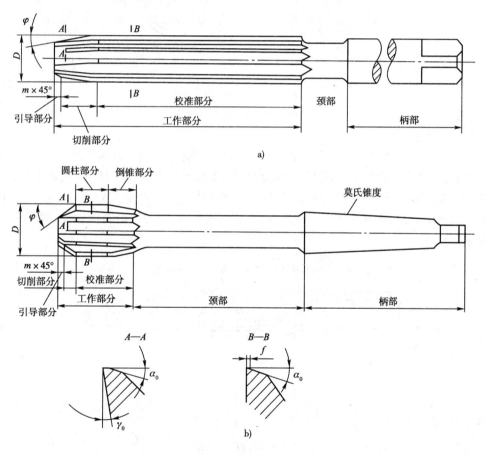

图 8-20 铰刀结构
a)手用铰刀;b)机用铰刀

(1)柄部用来夹持和传递转矩,有锥柄、直柄和方榫柄三种。

(2)工作部分由引导部分、切削部分、校准部分和倒锥部分组成。引导部分可引导铰刀头部进入孔内,其导向角一般为 45°;切削部分担负切去铰孔余量的任务;校准部分有棱边,起定向、修光孔壁、保证铰刀直径和便于测量等作用;倒锥部分可以减小铰刀和孔壁的摩擦。铰刀齿数一般为 4~8 齿,为测量直径方便,多采用偶数齿。

二、铰刀及使用范围

1. 整体圆柱铰刀

整体圆柱铰刀主要用来铰削标准直径系列的孔,分为手用和机用两种。一般手用铰刀的齿距在圆周上分布不均匀,如图 8-21a)所示。机用铰刀工作时靠机床带动,为制造方便,都做成等距分布刀齿,如图 8-21b 所示。

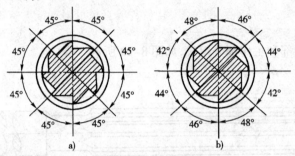

图 8-21　铰刀刀齿分布
a)均匀分布;b)不均匀分布

2. 可调节手用铰刀

在单件生产和修配工作中需要铰削少量的非标准孔,如汽车维修工作中铰削与轴相配合的孔,可使用可调节手用铰刀,结构如图 8-22 所示。它由工作部分(包括引导部分、切削部分和校准部分)和刀柄组成。使用时按所铰孔径大小调整铰刀直径。在刀体上开有 6 条斜底槽,有 6 条刀片分别嵌在槽内,调节调整螺母,使刀片沿斜槽移动,即能改变铰刀直径。

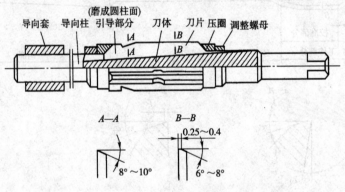

图 8-22　可调节手用铰刀

3. 锥铰刀

锥铰刀如图 8-23 所示,用于铰削圆锥孔。常用的锥铰刀有以下几种:

(1)1:50 锥铰刀,用来铰削圆锥定位销孔。

(2)1:10 锥铰刀,用来铰削联轴器上的锥孔。

(3)莫氏锥铰刀,用来铰削 0~6 号莫氏锥孔,其锥度近似于 1:20。

(4)1:30 锥铰刀,用来铰削套式刀具上的锥孔。

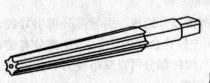

图 8-23　锥铰刀

用锥铰刀铰孔,加工余量大,整个刀齿都作为切削刃进入切削,负荷重,因此,每进刀2~3mm应将铰刀取出一次,以清除切屑。1:10锥孔和莫氏锥孔的锥度大,加工余量就更大,为使铰孔省力,这类铰刀一般制成2~3把一套,其中一把是精铰刀,其余是粗铰刀。粗铰刀的刀刃上开有螺旋形分布的分屑槽,以减轻切削负荷。图8-24所示是两把一套的锥铰刀。

锥度较大的锥孔,铰孔前的底孔应钻成阶梯孔,如图8-25所示。阶梯孔的最小直径按锥度铰刀小端直径确定,并留有铰削余量,其余各段直径可根据锥度推算。

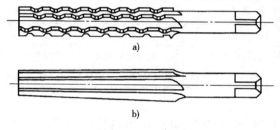 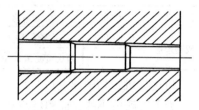

图8-24 成套锥铰刀　　　　　　　　　图8-25 铰前钻成阶梯孔
a)粗铰刀;b)精铰刀

4. 螺旋槽手用铰刀

用普通直槽铰刀铰削键槽孔时,因为刀刃会被键槽边钩住,而使铰削无法进行,因此,必须采用螺旋槽手用铰刀,如图8-26所示。用这种铰刀铰孔时,铰削阻力沿圆周均匀分布,铰削平稳,铰出的孔光滑。一般螺旋槽的方向应是左旋,以避免铰削时因铰刀的正向转动而产生自动旋进的现象,同时,左旋刀刃容易使切屑向下,易推出孔外。

5. 硬质合金机用铰刀

在高速铰削和铰削硬材料时,常采用硬质合金机用铰刀,结构如图8-27,其结构采用镶片式。硬质合金铰刀刀片有YG类和YT类两种。YG类适合铰铸铁类材料,YT类适合铰钢类材料。

 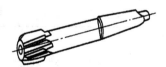

图8-26 螺旋槽手用铰刀　　　　　　　图8-27 硬质合金机用铰刀

三、铰孔操作方法及注意事项

1. 铰孔前的准备工作

1)研磨铰刀

新的标准圆柱铰刀其直径留有研磨余量,铰孔之前先将铰刀直径研磨到需要的尺寸精度。

2)选择铰削余量

铰削余量是指上道工序(钻孔或扩孔)完成后留下的直径方向的加工余量。铰削余量选择是否适合,对铰刀的使用寿命,工作效率的高低,铰出孔的表面粗糙度和精度影响很大。铰削余量过大,会使刀齿切削负荷增大,变形增大,切削热增加,被加工表面呈现撕裂状态,致使尺寸精度降低,表面粗糙度值增大,同时加剧铰刀磨损。铰削余量过小时上道工序残留变形难以纠正,原有刀痕不能去除,铰削质量达不到要求。选择铰削余量时,应考虑到孔径大小、材料软硬、尺寸精度、表面粗糙度要求及铰刀类型等因素的综合影响。用普通标准高速钢铰刀铰孔时,可参考表8-4选取。一般情况下对IT9、IT8级孔可一次铰出,对IT7级孔,应分粗铰和精铰;对孔径大于20mm的孔,可先钻孔,再扩孔,然后进行铰孔。

铰 削 余 量(mm)　　　　　表8-4

铰孔直径	$d \leq 6$	$6 < d \leq 18$	$18 < d \leq 30$	$30 < d \leq 50$	$51 < d \leq 70$
铰削余量	0.1~0.2	一次铰0.1~0.2	一次铰0.2~0.3	一次铰0.3~0.4	一次铰0.4~0.5
		两次精铰0.1~0.15	两次精铰0.1~0.15	两次精铰0.15~0.25	两次精铰0.2~0.3

3)选择机铰切削速度(v)

为了得到较小的表面粗糙度值,必须避免产生刀瘤,减少切削热及变形,因而应采取较小的切削速度。用高速钢铰刀铰钢件时,$v = 4 \sim 8 \text{m/min}$;铰铸铁件时,$v = 6 \sim 8 \text{m/min}$;铰铜件时,$v = 8 \sim 12 \text{m/min}$。

4)选择机铰进给量(f)

进给量要适当,若过大,铰刀易磨损,也影响加工质量;若过小,则很难切下金属材料,并会挤压材料,使其产生塑性变形和表面硬化,最后形成刀刃会撕去大片切屑,使表面粗糙度增大,并加快铰刀磨损。机铰钢件及铸铁件时,$f = 0.5 \sim 1 \text{mm/r}$;机铰铜和铝件时,$f = 1 \sim 1.2 \text{mm/r}$。

2. 铰孔时的冷却与润滑

铰削的切屑细碎且易黏附在刀刃上,甚至挤在孔壁与铰刀之间,而刮伤表面,扩大孔径。铰削时必须用适当的切削冷却液冲掉切屑,减少摩擦,并降低工件和铰刀温度,防止产生刀瘤。切削冷却液选用时参考表8-5。

切削冷却液选用　　　　　表8-5

加工材料	铰孔时的切削冷却液
钢	1)10%~20%乳化液 2)铰孔要求高时,采用30%菜油加70%肥皂水 3)铰孔要求更高时,可采用茶油、柴油、猪油等
铸铁	1)煤油(但会引起孔径缩小,最大收缩量0.02~0.4mm) 2)低浓度乳化液 3)也可不用
铝	煤油
铜	乳化液

四、操作工艺

(1)在实习工件上按图样尺寸要求划出各孔位置加工线。

(2)钻各孔。考虑应有的铰孔余量,选定各孔铰孔前的钻头规格,刃磨,试钻,得到正确尺寸后按图钻孔,并对孔口进行 0.5×45°倒角。

(3)铰各圆柱孔,用相应的圆柱销配检。

①手铰起铰时,右手通过铰孔轴心线施加进刀压力,左手转动铰杠,如图 8-28 所示,两手用力应均匀、平稳,不得有侧向压力,同时适当加压,使铰刀均匀前进。

②铰孔完毕时,铰刀不能反转退出,防止刃口磨钝,以及切屑嵌入刀具后刀面与孔壁之间而将孔壁划伤。

③机铰时,应使工件在一次装夹中进行钻、铰工作,如图 8-29 所示,保证铰孔中心线与钻孔中心线一致。铰削结束,铰刀退出后再停机,防止孔壁拉伤。

④铰锥销孔,先按小端直径钻孔(留出铰孔余量),再用锥度铰刀铰削即可;用锥销试配检验,如图 8-30 所示,达到正确的配合尺寸要求。

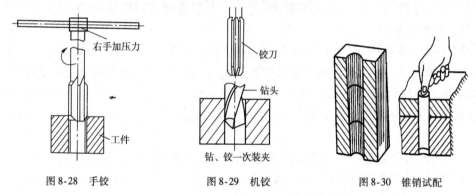

图 8-28 手铰　　图 8-29 机铰　　图 8-30 锥销试配

五、铰孔误差分析

铰孔时,可能出现的问题和产生的原因见表 8-6。

铰孔误差原因分析表　　表 8-6

出现问题	产生原因
表面粗糙度达不到要求	1)铰刀刃口不锋利或崩裂,铰刀切削部分和校准部分不光洁 2)切削刃上粘有积屑瘤,容屑槽内切屑粘积过多 3)铰削余量太大或太小 4)切削速度太高,以致产生积屑瘤 5)铰刀退出时反转,手铰时铰刀旋转不平稳 6)切削冷却液不充足或选择不当 7)铰刀偏摆过大
孔径扩大	1)铰刀与孔的中心不重合,铰刀偏摆过大 2)进给量和铰削余量太大 3)切削速度太高,使铰刀温度上升,直径增大 4)操作粗心(未仔细检查铰刀直径和铰孔直径)
孔径缩小	1)铰刀超过磨损标准,尺寸变小仍继续使用 2)铰刀磨钝后还继续使用,造成孔径过度收缩 3)铰钢料时加工余量太大,铰好后内孔弹性复原而孔径缩小 4)铰铸铁时加了煤油

续上表

出现问题	产生原因
孔中心不直	1）铰孔前的预加工孔不直，铰小孔时由于铰刀刚度差而未能使原有的弯曲程度得到纠正 2）铰刀的切削锥角太大，导向不良，使铰削时方向发生偏歪 3）手铰时，两手用力不匀
孔呈多棱形	1）铰削余量太大或铰刀刀刃不锋利，使铰削时发生钻孔不圆，使铰孔时铰刀发生弹跳现象钻床主轴振摆太大现象，发生振动而出现多棱形 2）钻孔不圆，使铰孔时铰刀发生弹跳现象 3）钻床主轴振摆太大

六、注意事项

（1）铰刀是精加工刀具，刀刃较锋利，刀刃上若有毛刺或切屑黏附，不可用手清除，应用油石小心地磨去。

（2）工件要夹正、夹牢，使操作时对铰刀的垂直方向有一个正确地判断。

（3）手铰，在起铰时，可用右手通过铰孔轴线施加进刀压力，左手转动铰杠。正常铰削时，两手用力要均匀、平稳的旋转铰杠，不得有侧向压力，同时适当加压，使铰刀均匀的进给，以保证铰刀正确地引进和获得较小的加工表面粗糙度，并避免孔口成喇叭形或将孔口扩大。

（4）手铰时，要变换每次的停歇位置，以消除铰刀常在同一处停歇而造成的振痕。

（5）铰孔时，进刀和退刀都不能反转，否则会使切屑卡在孔壁和铰刀刀齿后面形成的楔形空腔内，将孔壁拉毛，甚至挤崩刀刃。

（6）铰削钢件时，要经常清除粘在刀齿上的积屑，并可用油石修光刀刃，以免孔壁被拉毛。

（7）铰削过程中如果铰刀被卡住，不能用力扳转铰刀，以防损坏铰刀。而应取出铰刀，清除切屑，检查铰刀，加注切削液。继续铰削时要缓慢进行，以防再次卡住。

（8）铰削通孔时，防止铰刀掉落造成损坏。

七、铰削实例

用报废汽缸体铰削气门座圈

1. 工前准备

（1）检查气门座是否满足铰削工艺要求。

（2）备齐工具和材料：如气门座铰刀、粗砂布、细砂布。

2. 操作工艺

（1）根据该发动机气门座规定的角度和导管内径选择合适的铰刀和导杆，并插入气门导管内，使导杆与导管内孔表面相贴合。

（2）用粗砂布垫在铰刀下，磨掉气门座上的硬化层，然后再进行铰削。

（3）初铰时，先用45°铰刀铰削工作面，如图8-31a)所示，再用光磨过的气门进行试配检查工作面位置，要求接触面应在气门工作斜面的中下部。当接触面偏上时，用15°铰刀铰削上部,如图8-31b)所示;当接触面偏下时,用75°铰刀铰削下部,使接触面上移,如图8-31c)所示。

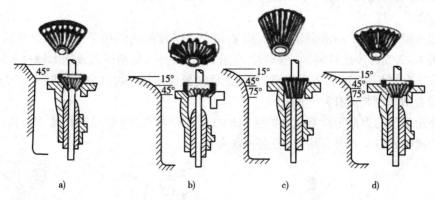

图 8-31 气门座铰削
a)铰工作面;b)铰上端面;c)铰下端面;d)细铰

(4)用光磨过的气门进行试配,直到接触面在气门工作锥面的中下部,其接触面宽度满足机型技术要求(一般地进气门约1.0~2.2mm,排气门约1.5~2.5mm)。否则,按步骤(3)的工艺要求进行修整。

(5)细铰:用与工作面锥度相同的细刃铰刀进行细铰,图8-31d)所示。或在铰刀下面垫细砂纸光磨工作面。

3. 注意事项

(1)按气门座和导管内径选择铰刀和导杆。

(2)铰削时,应边铰边试配,使气门接触面在中下部位。

(3)铰削过程中严禁倒转铰刀。

八、练一练

用发动机连杆旧衬套进行铰孔练习。

1. 工前准备

(1)检查连杆衬套是否满足铰削要求。

(2)备齐工具和量具:铰刀、游标卡尺、直角尺、台钳、木锤。

2. 操作工艺

1)选择铰刀

根据活塞销实际尺寸选择合适的铰刀,将铰刀夹紧在台钳上并与钳口平面垂直。

2)调整铰刀

把连杆小端套入铰刀内,一手托住连杆的大头,一手压下连杆的小端,第一刀铰削量应以使刀刃能露出衬套上平面3~5mm为宜;铰削量太大或太小都会使连杆在铰削中摆动,铰出棱形或喇叭口形。

3)铰削

铰削时,一手端平连杆大头,一手扶小端,按顺时针方向均匀用力扳转,同时向下略施压力进行铰削,如图8-32所示。当衬套下平面与刀刃下方相平时,应停止铰削,此时将连杆小端下压,使衬套脱出铰刀,以免铰出棱坎。在铰刀直径不变的情况下,将连杆翻转一面再铰一次。铰刀的调整量一般以旋转螺母60°~90°为宜。

4) 试配

铰削过程中要经常用活塞销试配,以防铰大。当铰削达到用手掌的推力将活塞销推入衬套1/3~2/5时停止铰削,如图8-33所示。此时,将活塞销压入或用木锤打入衬套内,并夹持在垫有铜垫片(或软金属片)的台钳上反复扳转连杆,进行研磨,如图8-34所示。

5) 检查活塞销与连杆衬套的配合

以能用手掌的力量把涂有机油的活塞销推入连杆衬套(图8-33),松紧度合适,衬套与活塞销的接触面以星点分布均匀、轻重一致为宜。

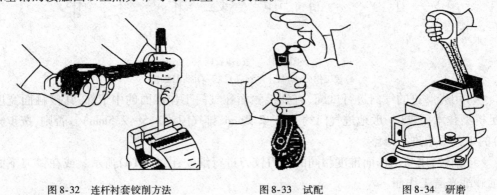

图8-32 连杆衬套铰削方法　　　　图8-33 试配　　　　图8-34 研磨

3. 注意事项

(1) 铰刀必须牢固装夹在台钳口上,不得有松动和偏斜现象。

(2) 铰削时,两手用力均匀、平稳,并按顺时针方向铰削,严禁反转。

(3) 在台钳上夹持活塞销时,钳口需垫有铜片(或软金属片)。

九、发动机连杆衬套铰削实作评价

发动机连杆衬套铰削实作评价见表8-7。

发动机连杆衬套铰削实作评价表　　　　表8-7

序号	项目与技术要求	配分	评分标准	评价记录	得分
1	铰刀装夹正确	5	装夹不正确扣5分		
2	铰刀调整方法调整量正确	25	调反扣10分,调整量过大扣10分		
3	铰削姿势正确	15	姿势不正确扣10分		
4	铰削方法正确	15	方法不正确扣10分		
5	铰孔表面光滑	10	孔表面有刀痕扣5分		
6	活塞销与衬套配合正确	20	配合松旷扣20分		
7	安全文明生产	10	有安全事故不得分		
	合计	100		总得分	

项目九　螺纹加工

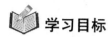

学习目标

完成本项目学习后,你应能达到以下目标:

1. 知识目标

(1)能叙述螺纹加工的工艺特点。

(2)能根据工件加工的技术要求,正确选用螺纹加工工具。

(3)能描述螺纹加工安全知识和文明生产要求。

2. 技能目标

(1)能按正确的操作姿势和设备操作规范,加工螺纹。

(2)能够分析螺纹加工出现的问题及产生的原因,找出解决问题的方法。

建议学时

4学时。

螺纹加工是金属切削中的重要内容之一。螺纹加工的方法多种多样,一般比较精密的螺纹都需要在车床上加工,而钳工加工的螺纹多为三角螺纹(米制三角螺纹、英制三角螺纹、管螺纹)。其加工方法有攻螺纹和套螺纹。

课题一　攻　螺　纹

用丝锥加工工件内螺纹的方法称为攻螺纹。

一、攻螺纹工具

1. 丝锥

丝锥是加工内螺纹的刀具,分为手用丝锥和机用丝锥两种。按其牙形可分为普通螺纹丝锥、圆柱管螺纹丝锥和圆锥螺纹丝锥等。普通螺纹丝锥又分粗牙和细牙两种。手用丝锥是用合金工具钢9SiCr或轴承钢GCr9经滚牙、淬火、回火制成的;机用丝锥则都用高速钢制造。

丝锥由工作部分和颈部组成,工作部分又分为切削部分和校准部分。如图9-1所示。在工作部分上,沿轴向有3~4条容屑槽(多为直槽,专用丝锥可做成右旋或左旋的容屑槽),使切削部分形成切削刃、前角、后角和锥角,以便将切削力均匀地分布到各刀齿上,逐渐切到齿深。

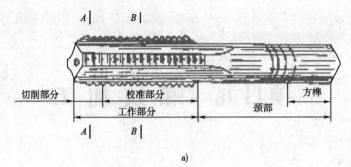

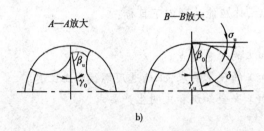

图 9-1 丝锥的结构及切削角度
a)丝锥结构；b)丝锥的切削角度

2. 铰杠

铰杠是手工攻螺纹时用来夹丝锥的工具，分普通铰杠和丁字铰杠两类，如图 9-2 所示。每类铰杠都有固定式和活动式两种。铰杠的方孔尺寸和柄的长度都有一定的规格，使用时按丝锥尺寸大小，由表 9-1 中合理选择。

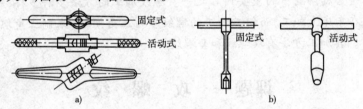

图 9-2 铰杠
a)普通铰杠；b)丁字铰杠

可调铰杠使用范围　　　　　　　　　　　　　　　　　表 9-1

铰规格	150	225	275	375	475	600
适用丝锥	M5～M8	＞M8～M12	＞M12～M14	＞M14～M16	＞M16～M22	M24 以上

二、螺纹底孔直径与孔深的确定

1. 底孔直径的确定

攻螺纹时有较强的挤压作用，金属产生塑性变形而形成凸起挤向牙尖。因此，攻螺纹前的底孔直径应略大于螺纹小径。螺纹底孔直径的大小应考虑工件材质，可以按经验公式确定螺纹底孔直径：

(1)加工钢件或塑性较大的材料：

$$d = D - P$$

式中,d 为螺纹底孔用钻头直径(mm);D 为螺纹大径(mm);P 为螺距(mm)。
(2)加工铸铁或塑性较小的材料:
$$d = D - (1.05 \sim 1.1)P$$

2. 底孔深度的确定

为了保证螺纹的有效工作长度,钻螺纹底孔时,螺纹底孔的深度公式为:
$$H = h + 0.7D$$
式中,h 为螺纹的有效长度(mm);H 为螺纹底孔深度(mm);D 为螺纹大径(mm)。

三、攻螺纹工艺

1. 工前准备

(1)检查工件是否满足加工要求。
(2)备齐加工设备:钻床、钻头、游标卡、划针、划规、样冲、手锤、丝锥、铰杆等。

2. 加工工艺

1)划钻孔加工线

根据图样尺寸划出相互垂直方向的两条中心线,其交点即底孔的中心,用样冲在中心处冲点,用划规划出加工尺寸。

2)装夹工件

将划好线的工件用木垫垫好,使其上表面处于水平面内,夹紧在立钻工作台的平口钳上。

3)钻底孔并倒角

根据底孔直径选择钻头,将刃磨好的钻头装夹在孔加工设备的钻夹头上钻出底孔并倒角。

4)加工螺纹

将钻好孔的工件夹紧在台钳上,使工件上表面处于水平。选用铰杠,将头锥装紧在铰杠上。将丝锥垂直放入孔中,一手施加压力,一手转动铰杠,如图9-3所示。当丝锥进入工件1~2牙时,用90°角尺在两个相互垂直的平面内检查和矫正,如图9-4所示。当丝锥进入3~4牙时,丝锥的位置要正确无误。之后转动铰杠,使丝锥自然旋入工件,并不断反转断屑,直至攻通,如图9-5所示。然后,自然反转,退出丝锥。再用二锥对螺孔进行一次清理。最后用标准螺钉检查螺孔,以自然顺畅旋入螺孔为宜。

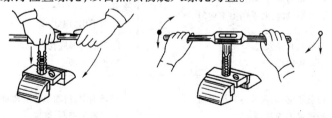

图9-3 起攻方法

四、注意事项

(1)选择合适的铰杠长度,以免转矩过大,折断丝锥。

(2)正常攻螺纹阶段,双手作用在铰杠上的力要平衡。切忌用力过猛或左右晃动,造成孔口烂牙。每正转1/2~1圈时,应将丝锥反转1/4~1/2圈,将切屑切断排出。加工盲孔时更要如此。

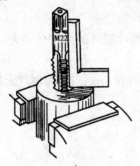
图9-4 检查方法

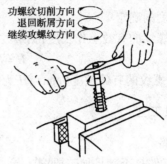
图9-5 攻螺纹方法

(3)转动铰杠感觉吃力时,不能强行转动,应退出头锥,换用二锥,如此交替进行。

(4)攻不通螺孔时,可在丝锥上做好深度标记,并要经常退出丝锥,清除留在孔内的切屑。

(5)攻钢料等韧性材料工件时,加机油润滑可使螺纹光洁,并能延长丝锥寿命;对铸铁件,通常不加润滑油,也可加煤油润滑。

五、攻螺纹误差分析

攻螺纹时可能出现的问题及防止措施见表9-2。

攻螺纹误差分析　　　　　　　　　　　　　　　　表9-2

出现问题	产生原因	防止措施
螺纹乱牙	1)底孔直径太小,丝锥不易切入,造成孔口乱牙 2)攻二锥时,未先用手把丝锥旋入孔内,直接用铰杠施力攻削 3)丝锥磨钝,不锋利 4)螺纹歪斜过多,用丝锥强行纠正 5)攻螺纹时,丝锥未经常倒转	1)根据加工材料,选择合适的底孔直径 2)先用手旋入二锥,再用铰杠攻入 3)刃磨丝锥 4)开始攻入时,两手用力要均匀,注意检查丝锥与螺孔端面的垂直度 5)多倒转丝锥,使切屑碎断
螺纹歪斜	1)丝锥与螺纹端面不垂直 2)攻螺纹时,两手用力不均匀	1)丝锥开始切入时,注意丝锥与螺孔端面保持垂直 2)两手用力要均匀
螺纹牙深不够	1)底孔直径太大 2)丝锥磨损	1)正确选择底孔直径 2)刃磨丝锥
螺纹表面粗糙	1)丝锥前、后面及容屑槽粗糙 2)丝锥不锋利,磨钝 3)攻螺纹时丝锥未经常倒转 4)未用合适的切削冷却液 5)丝锥前、后角太小	1)丝锥前、后面及容屑槽粗糙 2)丝锥不锋利,磨钝 3)攻螺纹时丝锥未经常倒转 4)未用合适的切削冷却液 5)丝锥前、后角太小

课题二 套 螺 纹

用板牙在外圆柱面上(或外圆锥面)切削出外螺纹的加工方法称为套螺纹。

一、套螺纹工具

套螺纹所用的工具有圆板牙和圆板牙架。

1. 板牙

板牙是加工外螺纹的刀具,它用合金工具钢或高速钢制作并淬火处理。

板牙有封闭式和开槽式(可调式)两种结构,如图9-6所示。

板牙的结构如图9-7所示。由切削部分、校准部分和排屑孔组成。圆板牙本身就像一个圆螺母,只是在它上面钻有3~5个排屑孔(容屑槽)并形成切削刃。

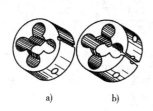

图9-6 圆板牙
a)封闭式;b)开槽式

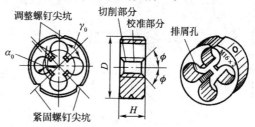

图9-7 圆板牙结构

2. 板牙架

圆板牙铰杠是装夹圆板牙的工具,如图9-8所示。板牙放入后,用螺钉紧固。

二、套螺纹前圆杆直径的确定

套螺纹与攻螺纹的切削过程相似,所以,套螺纹时圆杆直径应略小于螺纹大径,圆杆尺寸根据下式确定:

$$d_{杆} = D - 0.13P$$

式中,$d_{杆}$ 为圆杆直径(mm);D 为螺纹大径(mm);P 为螺距(mm)。

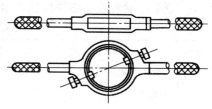

图9-8 板牙架

三、套螺纹方法

(1)套螺纹前,圆杆端部需要倒15°~20°锥角,使圆板牙容易对准工件和切入材料,如图9-9a)所示。端部最小直径略小于螺纹小径,便于起套,避免端部有毛刺。

(2)工件装夹要端正、牢固,套螺纹时的切削力矩较大,且工件都为圆杆,一般要用V形架或黄铜衬垫,才能保证工件的可靠夹紧。工件伸出钳口的长度在不影响螺纹要求长度的前提下,应尽量短些。

(3)起套方法与攻螺纹起攻方法一样,一只手掌按住铰杠中部,沿圆杆轴向施加压力,另一只手做顺向旋进,转动要慢,压力要大,并保证圆板牙端面与圆杆轴线的垂直度要求。

圆板牙切入圆杆2~3牙时,应及时检查其垂直度误差并做准确校正。起套完成时,不要加压,让圆板牙自然切进,以免损坏螺纹和圆板牙。

(4) 为了断屑,板牙转动一圈左右要倒转1/2圈进行排屑,如图9-9b)所示。

(5) 在钢件上套螺纹时,若手感较紧,应及时退出,清理切屑后再进行,并加切削冷却液或用机油润滑,要求较高时可用菜油或二硫化钼。

四、攻螺纹、套螺纹操作练习

1. 工件图样

工件图样如图9-10所示。

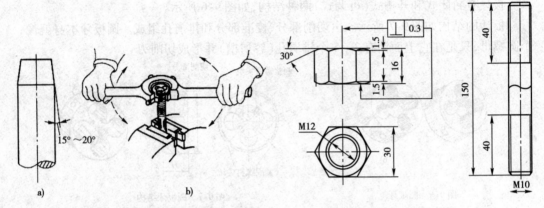

图9-9 圆杆倒角与套螺纹
a) 套螺纹前的圆杆倒角;b) 套螺纹方法

图9-10 工件图样

2. 攻螺纹、套螺纹实作评价

攻螺纹、套螺纹实作评价见示表9-3。

攻螺纹、套螺纹操作评分标准　　　　　表9-3

序号	项目技术要求	配分	评分标准	评价记录	得分
1	倒角正确	20	一处不正确扣6分		
2	螺纹正确	3×10	一处烂牙扣10分		
3	螺纹垂直度≤0.3	2×10	一处不正确扣10分		
4	螺纹长度±1.5	2×5	一处不正确扣5分		
5	螺纹外观完整	10	按外观完整程度扣分		
6	安全文明生产	10	有安全事故不得分		
	总分	100	总得分		

项目十　综合技能训练

学习目标

完成本项目学习后,你应能:

(1)能按图加工零件,编制加工步骤,分析加工过程中存在的问题,并具有解决的能力。

(2)通过简单零件的制作加工,形成錾、锯、锉削、立体画线、铰孔、攻套螺纹和平面磨削、刮削综合技能,会正确使用钳工各种工具设备。

(3)能控制零件的形位误差,并能检测误差。

建议学时

6 学时。

各院校根据情况选择一至两个课题实施教学。

课题一　制作 V 形架

一、工件图样

V 形架工件图样如图 10-1 所示。

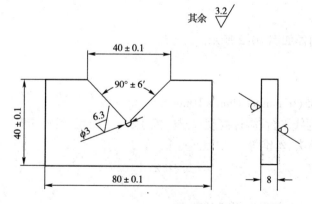

图 10-1　V 形架工件图

技术要求:锐边,锐角倒钝,去毛刺。

二、操作准备

(1)备料:Q235(81mm×41mm×8mm)。

(2)主要工量具:锉刀、手锯、钻头、游标卡尺、刀口尺、90°样板。

三、操作步骤

(1)锉削4个侧面,保证长宽尺寸要求,以及表面质量要求。
(2)划线,钻 φ3 工艺孔。
(3)锯削,留锉削余量。
(4)分别锉削各锯削面,保证相应尺寸及表面质量。
(5)检验。

四、制作V形架实作评价

制作V形架实作评价见表10-1。

制作V形架实作评价表　　　　　　表10-1

序号	项目技术要求	配分	评分标准	评价记录	得分
1	尺寸精度40±0.1(两处)	25	超差每处0.05扣5分		
2	尺寸精度80±0.1	15	超差0.05扣5分		
3	角度90°±6′	20	超差3′扣5分		
4	工艺孔φ3	15	钻孔偏斜不得分		
5	表面粗糙度(Ra)6.3μm	10	每降一个等级扣2分		
3	表面粗糙度(Ra)3.2μm	15	每降一个等级扣2分		
	总分	100		总得分	

课题二　制作限位块

一、工件图样

限位块工件图样如图10-2所示。

二、操作准备

(1)备料:Q235(61mm×61mm×10mm)。
(2)工量具:划线平台、游标高度尺、样冲、手锤、千分尺、游标卡尺、万能角度尺、锉刀、手锯、刀口角尺、钻头、丝锥等。

三、操作步骤

(1)根据所备材料首先选择两基准面。
(2)划线。
①准备好划线所用的工量具,并对工件进行清理。
②划线:首先根据图纸分别划出各已知水平位置线和垂直位置线,再划出左下角及右上角的倾斜线;然后用样冲在 φ10mm 及 M8 螺纹孔的圆心上冲眼,为钻孔做好准备。

(3) 钻孔和攻丝:在 $\phi 10mm$ 及 M8 螺纹孔的圆心处钻孔,并在 $\phi 8$ 孔处进行攻丝。
(4) 锯:根据图纸及划线,将多余之处锯掉,注意留出锉削余量。
(5) 锉:根据图纸及划线进行锉削,锉的过程中注意尺寸的测量和检验。
(6) 检验:对加工的限位块进行整体检验,至符合标准为止。

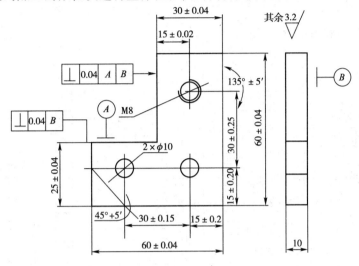

图 10-2 限位块工件图

四、制作限位块实作评价

制作限位块实作评价见表 10-2。

制作限位块实作评价表   表 10-2

序号	项目技术要求	配分	评分标准	评价记录	得分
1	垂直度公差 0.04	6	每超差 0.02 扣 1 分		
2	垂直度公差 0.04(A、B 基准)	12	每超差 0.02 扣 1 分		
3	尺寸精度 30±0.15	10	每超差 0.05 扣 1 分		
4	尺寸精度 30±0.04	6	每超差 0.02 扣 1 分		
5	尺寸精度 25±0.04	6	每超差 0.02 扣 1 分		
6	尺寸精度 32±0.25	6	每超差 0.05 扣 1 分		
7	尺寸精度 15±0.02	6	每超差 0.01 扣 1 分		
8	尺寸精度 60±0.04(两处)	6	每超差 0.02 扣 1 分		
9	螺纹孔 M8	4	不合格不得分		
10	尺寸精度 15±0.20	3	每超差 0.05 扣 1 分		
11	尺寸精度 12±0.20	3	每超差 0.05 扣 1 分		
12	角度公差 135°±5′(2 处)	9	每超差 2′扣 1 分		
13	表面粗糙度(Ra)3.2μm(9 处)	15	每降一个等级扣 2 分		
14	两孔精度 2×ϕ10	4	每超 0.02 扣 1 分		
15	表面粗糙度(Ra)6.3μm(2 处)	4	每降一个等级扣 2 分		
	总分	100	总得分		

课题三　制作凸形块

一、工件图样

凸形块工件图样如图10-3所示。

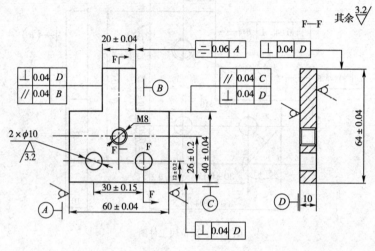

图10-3　凸形块工件图

二、操作准备

（1）备料：Q234（65mm×61mm×10mm）。
（2）工量具：划线平台、游标高度尺、样冲、手锤、千分尺、游标卡尺、万能角度尺、锉刀、手锯、刀口角尺、台钻、钻头、丝锥等。

三、操作步骤

（1）根据所备材料首先选择两基准面。
（2）划线。
①准备好划线所用的工量具，并对工件表面进行清理。
②划线：首先根据图纸分别划出各已知水平位置线和垂直位置线，然后用样冲在$\phi 10$mm及M8螺纹孔的圆心上冲眼，为钻孔做准备。
（3）钻孔和攻丝：在$\phi 10$mm及M8螺纹孔的圆心处钻孔，并在$\phi 8$mm孔处进行攻丝。
（4）锯：根据图纸及划线将余量过大之处锯掉，注意留出锉削余量。
（5）锉：根据图纸及划线进行锉削，锉的过程中注意尺寸的测量和检验。
（6）检验：对加工的凸形块进行整体检验，至符合标准为止。

四、制作凸形块实作评价

制作凸形块实作评价见表10-3。

制作凸形块实作评价表　　　　　　　　　　　　　　　表 10-3

序号	项目技术要求	配分	评 分 标 准	评价记录	得分
1	尺寸精度 30±0.15	10	每超差 0.05 扣 1 分		
2	尺寸精度 20±0.04	8	每超差 0.02 扣 1 分		
3	对称度公差 0.06	10	每超差 0.02 扣 1 分		
4	尺寸精度 26±0.20	8	每超差 0.05 扣 1 分		
5	尺寸精度 40±0.04（两处）	10	每超差 0.02 扣 1 分		
6	平行度公差 0.04（三处）	15	每超差 0.02 扣 1 分		
7	表面粗糙度(Ra)3.2μm（7 处）	14	每降一个等级扣 2 分		
8	垂直度公差 0.04（5 处）	12	尺寸公差每超 0.02 扣 1 分		
9	螺纹孔 M8	2	不合格不得分		
10	两孔精度 2×ϕ10	4	每超 0.02 扣 1 分		
11	表面粗糙度(Ra)1.6μm（2 处）	4	每降一个等级扣 2 分		
12	尺寸精度 12±0.2	3	每超差 0.05 扣 1 分		
	总分	100	总得分		

课题四　制作角度样板

一、工件图样

角度样板工件图样如图 10-4 所示。

二、操作准备

（1）备料：45（80mm×71mm×4mm）。
（2）工量具：划线平台、游标高度尺、样冲、手锤、直角尺、万能角度尺、锉刀、手锯、刀口角尺、钻头等。

三、操作步骤

（1）修整划线基准。
（2）按图样划出各角度加工位置线，钻 2×Φ3 孔。
（3）以底面为基准依次锯削、锉削、修整 90°（凸）、60°、120°（凹）、90°（凸）、30°、120°（凸）各角，保证角度精度达到图纸要求。
（4）去毛刺，复检精度。

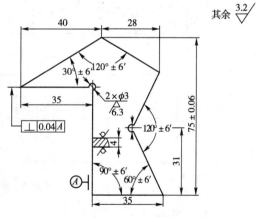

图 10-4　角度样板工件图

四、制作角度样板实作评价

制作角度样板实作评价见表 10-4。

制作角度样板实作评价表　　　　　　　　　　　　表 10-4

序号	项目技术要求	配分	评分标准	评价记录	得分
1	尺寸精度 75 ±0.06mm	5	超差不得分		
2	角度公差 90°±6′(凹)	10	超差不得分		
3	角度公差 30°±6′	10	超差不得分		
4	角度公差 120°±6′(凸)	10	超差不得分		
5	角度公差 60°±6′	10	超差不得分		
6	角度公差 120°±6′(凹)	10	超差不得分		
7	角度公差 90°±6′(凸)	10	超差不得分		
8	工作面垂直度误差≤0.04mm	10	超差不得分		
9	垂直度≤0.04mm	10	超差不得分		
10	表面粗糙度(Ra)3.2μm	10	升高一级不得分		
	总分	100	总得分		

课题五　制作錾口手锤

一、工件图样

錾口手锤工件图样如图 10-5 所示。

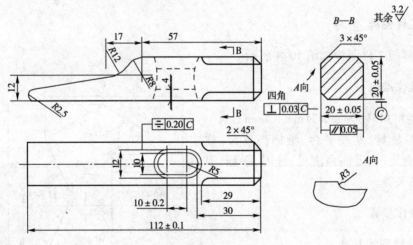

图 10-5　錾口手锤工件图

二、操作准备

（1）备料：45（φ30mm×120mm）。

（2）工量具：划线平台、游标高度尺、划针、样冲、手锤、直角尺、钢直尺、锉刀、手锯、錾子、刀口角尺、钻头等。

三、操作步骤

（1）将 φ30mm 圆钢下成 120mm 长。

(2)按图要求锯、锉出(20±0.03)mm×(20±0.03)mm×(114±0.1)mm的长方体。

(3)以长面和端面为基准划出各部尺寸界线。

(4)用 φ9.8mm 钻头钻出腰孔。

(5)锉削腰孔注意两边对称,腰孔喇叭注意纹路整齐、美观。

(6)按线在 R12 处钻 Φ5mm 孔,然后用手锯按线锯掉,并留锉削余量。

(7)用半圆锉锉出 R12 处,使 R12 处。

(8)锉 R2.5 圆头并保证总长 112mm。

(9)锉 4 个 3×45°倒角,达到要求,先锉出 R3 处,并与 3×45°倒角连接圆滑,纹路统一。

(10)锉出倒角 3×45°。

(11)锉出八角端部倒角 2×45°。

(12)用砂布将各加工面打光。

四、注意事项

(1)工件钻孔时要找正夹紧。

(2)锉削腰孔时先锉两侧平面,保证对称,后锉两端圆弧,注意与两侧侧面过渡圆滑。

(3)加工 R12 与 R8 注意圆弧圆滑并与两侧垂直。

(4)制作过程中,要注意各面相接处棱角清晰,各处圆角圆滑无棱,锉纹顺直齐正,表面无损伤,外观美观。

五、制作錾口手锤实作评价

制作錾口手锤实作评价见表10-5。

制作錾口手锤实作评价表　　　　　　表10-5

序号	项目技术要求	配分	评分标准	评价记录	得分
1	20+0.03	4×2	超0.01扣1分		
2	//:0.03	3×2	超0.01扣1分		
3	⊥:0.03	3×4	超0.01扣1分		
4	3×45°倒角	2×4	视情扣分		
5	R3 圆弧	2×4	超0.5扣1分		
6	R12 与 R8	10×1	超0.5扣1分		
7	R2.5 圆弧	5×1	超0.05扣1分		
8	2×45°	1×10	视情扣分		
9	舌部平面0.03	8×1	超0.01扣除1分		
10	腰孔±0.1	5×1	超0.02扣1分		
11	腰孔20±0.2	5×1	超0.02扣1分		
12	112±0.1	5×1	超0.02扣1分		
13	Ra≥3.2	1×10	降级不得分		
	总分	100	总得分		

参 考 文 献

[1] 刘永. 钳工工艺[M]. 北京:人民民交通出版社,1999.
[2] 鲍佩红. 钳工技能实训[M]. 北京:科学出版社,2009.
[3] 杨冰,温上樵. 钳工基本技能项目教程[M]. 北京:机械工业出版社,2011.
[4] 陆秀华. 钳工实习[M]. 北京:机械工业出版社,2010.
[5] 周翔. 钳工实训[M]. 北京:科学出版社,2010.
[6] 穆宝章. 钳工基本技能训练[M]. 北京:国防工业出版社,2011.